新型职业农民实用技术读本

XINXING ZHIYE NONGMIN
SHIYONG JISHU DUBEN

全国农业技术推广服务中心　编

中 国 农 业 出 版 社

编写人员

主　编	张志勇	李　莉	张翠英
副主编	杨庆昌	李冬梅	赵振海
参　编	王晓锐	唐文光	贾宝玲
	高建中	杜春凤	崔淑芝
	毕斯文	张福峰	韩丽敏
	袁金娜	史彩荣	张淑芳
	王建新	鲁　丹	周建华
	李　伟	王丽娟	王晓敬
	李晓玮	许淑莲	李丽娜
	王兴川	贾　宁	张玉平
	张广亮	孟庆新	张素娥

前 言

发展现代农业，已成为农业增效、农村发展和农民增收的关键。国家“十三五”规划，把加快发展现代农业、加强农业农村改革创新、推进农业供给侧结构性改革、保障国家粮食安全作为首要目标。

实现这个战略目标，关键在于补齐农村人才培育尤其是农村实用人才培养的短板，提高广大农民的整体素质，造就一批有文化、懂技术、会经营的新型职业农民。

按照“科教兴农、人才强农、新型职业农民固农”的战略要求，提高新型职业农民的科技素质，普及农业科学技术知识，全国农业技术推广服务中心合同各省（自治区、直辖市）农技推广部门组织经验丰富的技术人员，针对农业生产中的实际问题，编写了《新型职业农民实用技术读本》。本书内容涉及粮食生产管理、蔬菜生产管理、农业病虫害绿色防控以及测土配方施肥、减肥减药等实用技术。

本书内容立足生产实践，贴近农业生产，通俗易懂，方便阅读。相信本书的出版，必将对提高广大农民的科技知识水平，促进农业增效、农民增收发挥应有作用。

编　者

2018 年 1 月

目录

二、小麦生产实用技术 …… 20

一、水稻生产实用技术

1. 水稻优良品种应具备哪些条件？

水稻优良品种除具备水稻新品种的基本条件外，还应具备以下几方面条件：

（1）产量高 高产是优良品种最基本的条件。

（2）抗逆性强 包括生物抗性（如抗稻瘟病、白叶枯病、二化螟、稻飞虱等）和非生物抗性（包括耐旱、寒、涝和高温）。

（3）品质好 一要加工出米率高，二要外观好看，三要好吃。

（4）适应性广 是指在不同的土壤、气候和栽培条件下大面积生产都能生长良好并能获得高产。

2. 如何进行水稻引种？

引种时必须了解原产地的生态条件、品种本身的特征特性、引入地的生态条件、两地生态环境的差异以及这些差异会导致品种发生什么改变等问题。原产地与引入地主要生态条件的差异，表现为纬度和海拔的差异、土质和雨量的差异以及品种栽培技术的改变等。因此，引种时要掌握以下几个原则：

（1）同纬度、同海拔地区间的引种 引种易成功。

（2）北种南引 即低纬度地区从高纬度地区引种，应选择生育期较长的中晚熟品种。

（3）南种北引 即高纬度地区从低纬度地区引种，若引入低纬度地区的早稻早、中熟品种和中稻早熟品种，或感光性弱、对纬度适应较宽的品种，引种易成功。但晚稻品种北引，不能正常灌浆结实。因此，华南地区的感光晚籼品种不能引至长江流域；长江流域的晚稻品种不能引至华北种植；热带地区品种不能引至东北地区栽培。

（4）纬度相近、不同海拔地区间的引种 纬度相近，由低海拔地区引至高海拔地区的水稻品种，生育期延长，宜引入早熟品种。由高海拔地区引至低海拔地区的水稻品种，生育期缩短，宜引入晚熟品种。

3. 水稻的各产量因素是由什么时期决定的？

水稻的产量是由单位面积上的穗数、每穗结实粒数和千粒重三个因素所构成。单位面积上的穗数是由株数、单株分蘖数、分蘖成穗率三者组成的。穗子的大小和结实多少主要取决于幼穗分化过程中形成的小穗数目和小穗的结实率。水稻的粒重是由谷粒大小以及成熟度两者构成的。

株数是由插秧的密度及移植成活率决定的，但其基础是秧田期。所以育好足够数量的秧苗，才能保证插植足够密度的株数，培育生长健壮的秧苗，才能在栽插后返青快、分蘖早、成穗多。决定单位面积上穗数的关键期是在分蘖期。在壮秧、合理密植的基础上，每亩穗数的多少，便取决于单株分蘖数和分蘖成穗率。决定每亩穗粒数的关键时期是在长穗期。决定粒重以及产量形成的时期是在结实期。

4. 高产水稻的叶色变化有何规律？

移栽返青期叶色显“黄色”，有效分蘖期叶色显“黑色”，有利于促进分蘖早生快发。到有效分蘖末期叶色最“黑”，无效分

蘖期叶色显淡有利于控制无效分蘖生长，有利于改善株型、促进根系的生长。拔节前后叶色显淡有利于营养生长向生殖生长转变，有效地控制基部节间的伸长，促进茎秆粗壮，防止倒伏，提高结实率。孕穗期叶色变深，利于形成大穗，促进颖花发育，提高颖花数。破口期叶色变淡，可增加茎叶的物质积累，为提高结实率创造条件，而且还可以减少穗颈瘟的发生。齐穗期以后叶色转深，维持较长时间，到结实后期自然转“黄”，有利于提高结实率和粒重。

5. 为什么同一水稻品种不能在一个地方连续种植？

品种的更换交替与搭配种植的目的是为了减少病虫的为害，延长使用寿命。水稻病虫害的发生由三方面的因素决定：一是品种本身抗病性的强弱；二是病虫的来源与致病为害强度；三是环境条件是否有利于病虫害的发生。一个新育成的品种在刚刚投入生产应用时其抗性是没有问题的，但是随着种植年限的增多，伴随该品种的各种病虫害来源也在不断地发展，这样该品种如果连续大面积单一种植，往往容易导致大面积的病虫害大发生，造成灾难性的损失。为了避免这个问题，必须采取品种轮换种植和品种搭配种植，一般一个品种在一地大面积种植年限不应该超过3年，每个品种的种植面积也不应该超过1/3。

6. 水稻品种退化的原因有哪些？

在水稻生产实践中，随着种植年限的增加，水稻优良品种不再优良，出现退化现象。水稻优良品种退化的主要原因是：

（1）机械混杂　播种、插秧、收获、脱粒、装运、贮藏等一系列过程中，不按或不认真执行良种生产操作规程，使繁育的品种混入了其他品种的种子，造成机械混杂。

（2）生物学混杂　水稻通常存在0.2%～0.3%的天然异交率。

不同品种相邻种植，相邻部分植株的异交率可上升到1%以上。特别是在低温和高湿的气候条件下，花药开裂不畅，散粉时间拉长，天然异交率更高，以致群体出现生物学混杂，破坏了原品种的纯一性。

（3）基因突变、分离　目前生产上推广的水稻品种大多数是杂交育成的品种，表面上看其纯度已符合要求，但还可能存在某些细微的分离。经过几个世代的种植，因微效基因的分离而出现性状表现程度不同的个体。此外，从外地新引进的品种，由于生态条件的改变，导致品种内个体间表现的差异，引起品种混杂退化。

（4）选种留种方法不正确　留种时没有按照优良品种的各种典型性状去杂去劣。例如，仅仅考虑单株优势，分蘖力强，穗大粒多等，而这些恰恰又可能是具有杂种优势的杂合株。多代之后，品种的丰产性就会退化变劣。

7. 培育秧苗的关键环节有哪些？

苗床选择、种子精选、药剂浸种、稀播匀播、肥水管理、病虫防治等是培育秧苗的关键环节。

8. 秧田地如何选择？

秧田地好坏是培育壮秧的保证，也是旱育壮秧成败的关键。最好选择背风向阳，土壤质地肥沃、疏松、排灌方便的菜园地和庭院。没有以上条件的要选择地势高燥、平坦，排、灌方便，无盐碱的稻田地。盐碱较重的地区，要选择靠近背风向阳的河、渠、沟堰和林地，进行深挖沟，筑高畦，造成永久固定式秧田。

9. 如何配置床土？

从菜园、庭院或稻田地的表面取土3厘米，打碎过筛后与捣细

过筛的腐熟优质粗肥每平方米床面10千克，充分搅拌、混合均匀后堆放备用。

10. 如何进行种子处理？

(1) 晒种　选晴天在10～14时晒种2～3天，以提高种子的发芽势。

(2) 盐水选种　用20%盐水选种，飘去秕谷后捞出，用清水清洗，防止种子表面带盐。

(3) 消毒　用一支浸种灵兑水12千克，浸种6千克。浸泡时间不少于5～6天，将容器加盖遮光。注意一定要把药先溶于水搅拌均匀后，再将种子放入水中，过一两天后再搅拌一次。

(4) 泡种　消毒后的种子放在清水中浸泡，水温10℃需6天，15℃需4天（包括种子消毒时间），使种子吸足水分，腹白清晰可见。

11. 播种量应该如何确定？

播种量的多少是培育壮秧的关键，因此根据移栽秧苗大小来确定。如3.5叶移栽时，每平方米干种不超过300克；4.5叶移栽，每平方米干种最多不超过225克；5.5叶移栽，每平方米干种最多不超过175克。

12. 稻种如何催芽？

为了提高出苗率，在药剂浸种的基础上，还要进行催芽。其方法是：将浸种后的种子捞出，堆成厚10～20厘米的种子堆，上盖草帘，白天每隔2～3小时淋水一次，夜间不用。当种子露白后，再催芽1～2天，这样的稻芽耐淹水、耐缺氧，出苗齐，出苗率高，可达92%以上。

13. 水稻拌种的目的是什么?

为了防治苗期的立枯病，还要在播种前进行药剂拌种。一般用25%甲霜灵40克拌湿种25～40千克。

14. 播种前如何施底肥?

每20米^{2}床面施硫酸铵0.6千克加一水硫酸锌50克，然后播种和压种。压种后每20米^{2}床土再施磷酸二铵0.6千克。压种后施磷酸二铵，可防止磷酸二铵烧苗，降低出苗率。待床面微裂时，再上覆盖物及封膜工序。上述操作，床面上肥、水、温、气协调，有利于苗全、苗齐、苗壮。

15. 什么是适龄壮秧?

适龄壮秧主要是根据品种特性和叶蘖同伸标准判断，是指发根力强，栽后能迅速萌发新根，抗逆性强，返青成活快，死苗现象少的适宜秧龄的秧苗。适龄壮秧的形态特征：叶片宽大挺健，不软弱披垂；叶鞘较短，秧苗基部粗扁；叶色青绿，不浓不淡，无虫伤病斑，黄叶、枯叶少，绿叶数多；根系发达，根粗、短、白，无黑根；秧苗整齐一致，群体间生长旺盛，个体间少差异。

16. 如何进行秧田炼苗?

生产上因低温冷害或高温危害，造成立枯和青枯，除盐碱危害外，主要是炼苗不当所致。从播种到二叶一心期间，促进长根是管理的中心。因此，炼苗一定要从一叶一心开始，膜内温度控制在25～30℃。白天气温在20℃以上，要及时通风炼苗，阴天不用。

17. 秧田是如何灌水的？

土壤水分以湿为主，每隔 4～6 天过一次水。一般早晨灌浅水层，1～2 小时没能及时渗干的要及时排掉，白天尽量采取无水层灌溉，这是由于播种后夜间气温较低，秧苗长叶发根，主要靠白天的光温。白天有水层时，有利于茎叶的生长，再加上高温，地上与地下生长失调，秧苗徒长变弱，抗性下降，病虫害加重，成苗率下降。二叶一心之前，床面发干时，过水不保水，有利于土壤通气，根好苗壮；二叶一心时开始建立浅水层。移栽前 5 天左右开始落干炼苗，为移栽后壮苗缓秧快奠定基础。

18. 秧田追肥掌握在什么时间好？

秧苗追肥，一般分为 3 次：一叶一心时每平方米追施硫酸铵 50 克左右，二叶一心时（即第一次施肥后的 7～8 天），每平方米追施 75 克，第三次追肥要视秧苗长势来确定。如果长得旺，尽量不施。如果要在 4～5 天内插秧，可追第三次肥。如果长势不旺，追施 3 遍肥，10～15 天后再插秧。目的是提高秧苗素质，促缓秧。

19. 秧苗在一生中怎样控温才能正常生长？

播后至一叶期要保持膜内 28～32℃；超过二叶一心期，膜内保温 20～25℃；三叶至移栽期，膜内保温 18～20℃。育秧阶段不要过早撤膜，以防春寒低温使秧苗黄化。

20. 秧苗田管理“三忌”是什么？

（1）忌肥量大，施肥时间应掌握好。

（2）忌大水淹，这样会导致秧苗发育不良。

（3）忌高温时间长，注意把握各阶段的温度。

21. 秧苗青枯病是怎么回事，怎样防治？

青枯病是生理性失水，秧苗叶片打卷，灰绿凋萎，拔苗时能连根拔起。

由于炼苗不当，使秧苗徒长，当温度突然发生变化时，造成青枯。发生青枯后，及时浇水，通风时由床面的两头或两边通风，以防风和阳光直接吹晒。待秧苗适应后，再转入正常揭、盖。同时喷洒生根粉促根生长。

22. 如何防止秧苗徒长？

防止秧苗徒长是水稻高产的重要措施之一。一般在施肥多、播量大、湿度大、气温高的条件下容易产生植株过高、叶片披长、叶色深绿的徒长苗。为防止秧苗徒长，要注意稻种和育苗土消毒，预防苗期恶苗病引起的徒长。采用稀播匀播，降低播种量，防止单位面积内秧苗过密引起徒长。出苗后，加强秧田水肥管理，推迟秧苗上水时间，二叶一心期前床面保持湿润即可，二叶一心期后采用浅水灌溉。早稻二叶一心期后晴天高温时还要做好通风炼苗工作，防止高温引致烧苗和徒长，同时要严格控制“断奶肥”的用量。

23. 水稻烂秧的症状及原因是什么？

水稻烂秧原因有生理性和传染性两种，其症状也不同。

（1）生理性烂秧　由于低温阴雨、深水灌溉，秧苗呼吸受阻，缺氧窒息等不良条件造成生理性烂秧，致使烂种、烂芽、黑根和青枯、黄枯死苗。

（2）传染性烂秧　由病菌侵染所致，主要有绵腐病、立枯病等。在颖壳出芽处产生乳白色胶状物，逐渐向四周呈放射状地长出

白色絮状物，严重的秧苗成块成片死亡，此为绵腐病。立枯病，病苗黄白色，心叶萎垂卷缩，茎基部出现白色或淡红色或灰黑色，全株青枯或黄褐色枯死。

24. 移栽前如何进行秧苗处理？

移栽前秧苗带药带锌下本田，起到秧田使用、本田发挥的效果，既提高肥、药的效果，又降低生产成本。移栽前1～3天叶面喷施吡虫啉＋锌肥，一喷雾器水（15千克）＋10%吡虫啉10克＋一水硫酸锌100克，茎叶喷雾150米^{2}的床面。对于防治本田条纹叶枯病、稻潜叶蝇既省工时又效果显著，同时促进移栽后缓苗。

25. 最适的插秧密度是多少？

插秧密度依品种的特性确定：大穗大粒型品种一般栽插株行距为9寸×4寸（寸为非法定计量单位，1寸≈3.3厘米），每穴秧苗2～3株；小粒型或分蘖力差的品种，可适当多加些苗，每穴可3～5株。另外，根据地力和秧苗的强弱适当调整穴距和株数。

26. 水稻一生如何施肥？

水稻一生施肥一般分为基肥、分蘖肥和穗肥。基肥是水稻在移栽前施入土壤的肥料，尽量做到有机肥与化肥相结合，基肥应占氮肥总量的50%左右，一般结合移栽前的最后一次耙地施入。分蘖肥宜早施，一般占氮肥总量的30%左右，在插秧7天后施入。穗肥一般在插秧后40～50天施用，一般占氮肥总量的20%左右。抽穗扬花后，根据品种类型和生长状况确定施粒肥，一般在抽穗扬花后期及灌浆期各喷施一次，每亩每次用150克磷酸二氢钾，兑水50～60千克于傍晚喷施，增加粒重，减轻空秕率。水稻一生一般每亩施碳酸氢铵90～110千克，磷酸二铵7.5～10千克，钾肥10

千克，锌肥 1～1.5 千克。

27. 什么是水稻中位蘖优势利用栽培技术？

水稻中位蘖优势利用栽培技术就是一项以充分发挥水稻潜能增产的技术，主要利用茎和主茎上第 5、6、7、8 蘖位成穗，通过水、肥等协调密度，在不增加农资投入的条件下，增产 17%以上。

28. 怎样才能减少水稻黑根的发生？

水稻在长期淹水的情况下，土壤通气状况不良，氧气不足，就会产生大量的还原性物质，使根变成黑色。所以，水稻黑根的产生归根结底是由于土壤通气状况不良造成的。这就要求水稻的栽培管理无论在秧田还是本田都不能长期淹水，秧田要尽量保持良好的通气状态，本田则应保持浅湿或湿润状态，必要时还要晾田或晒田，以调节土壤的通气状况，从而减少黑根的发生。

29. 为什么说水稻生长后期的功能叶片对产量影响更大？

一般来说，水稻一生固定的所有干物质当中，90%来自光合产物；在光合产物中，90%来自叶片的光合作用；最终形成的籽粒产量中，80%左右来自抽穗后生产的干物质。可见，在抽穗后水稻的功能叶片对籽粒产量的形成具有重要影响。其中，上部 3 片叶即剑叶和倒 2 叶、倒 3 叶是主要的功能叶片，三者提供营养物质的比例由上而下大致为 2∶2∶1。上部 3 片叶的平均综合灌浆能力，约为每平方厘米叶面积承担 1 粒稻米所需的营养。上部 3 叶以下的叶片参与灌浆极少，但对保持根系活力很有帮助，也是不可忽视的。因此，水稻后期叶片存在多少，生长健壮与否，极大地关系着水稻产量的高低。加强后期田间管理，保护好后期功能叶片的旺盛活力，是获得水稻丰产的重要保证。

30. 什么叫有效分蘖和无效分蘖？怎样判断分蘖的有效性？

水稻有效分蘖是指在成熟期能抽穗并结实10粒以上的分蘖；在成熟期不能抽穗且结实少于10粒的分蘖，叫无效分蘖。有效分蘖决定单位面积的有效穗数，是构成产量的主要因素。在生产上应采取促进措施，争取更多的有效分蘖，减少无效分蘖。分蘖能否成穗与分蘖自身叶片数的多少、群体大小即植株营养状况等条件有关。当分蘖生出第三叶时自身开始发根，可以不依赖母茎独立生活。在分蘖后期只有1～2片叶的分蘖没有独立根系，成为无效分蘖；具3叶的分蘖有少量的根系，有可能成穗；具4叶以上的大分蘖都能成穗，成为有效分蘖。

31. 水稻什么时候缺水对产量影响最大？

孕穗至抽穗期缺水对产量影响最大。这一时期植株光合作用强，新陈代谢旺盛，是水稻一生需水较多时期。

孕穗初期受旱抑制枝梗、颖花原基分化，穗粒数少，孕穗中期缺水使内外颖和雌雄蕊发育不良。减数分裂期缺水造成大量颖花退化，粒数减少，结实率下降。抽穗期缺水造成抽穗开花困难，不仅抽穗不齐、包颈白穗多、降低结实率，还会直接造成抽不出穗，严重影响水稻的产量。

32. 为什么要促进前期分蘖？

因为分蘖是成穗的基础，但并非所有的分蘖都能成穗。怎样的分蘖才能成穗，主要取决于分蘖出生的早晚，取决于分蘖的独立生活能力。如前所述，分蘖在长出第三叶时，开始发根；到四叶时形成分蘖自己独立的根系。这种具有自己根系的分蘖，才具有独立生活能力。到拔节后，养料要用于长茎、长穗，很难再供应分蘖。因此，在主茎拔节前，仅具有1～2片叶的小分蘖，一般都将成为无效分蘖；具有3叶（包括二叶一心）的分蘖就有着成穗可能；具有4叶（包括三叶一心）的分蘖，就有较大成穗把握。根据叶蘖同伸的规律，分蘖发生愈早，蘖位愈低，分蘖上的叶片也就愈多，发根便越好，独立营养性越强，成穗的把握越大。这就是为什么要促进前期分蘖的简单道理。

33. 怎样才能促进前期分蘖?

水稻在分蘖期，从生理功能上看，是以氮代谢为主的时期。叶部的氮素代谢非常旺盛，形成大量的氮化合物。叶片光合作用制造的碳水化合物很少积累，大部分和含氮化合物合成蛋白质，构成细胞组织。蛋白质的增加、细胞增殖的结果，促使分蘖和叶片的出生和成长。因此，这一时期叶片中的含氮量是水稻一生中最高的时期。所以这一时期掌握好氮肥的合理使用就能促进前期分蘖。

34. 为什么要控制后期分蘖?

因为后期分蘖成穗的可能性不大，后期分蘖过多，不但减少母茎和母蘖体内养分积累，影响将来长成壮秆大穗，而且会造成过早封行，群体严重郁闭，下部叶片早死，根系发育不好，带来早期倒伏等一系列不良现象，所以必须适当加以控制。

35. 怎样避开高温对水稻结实的影响?

水稻高温天气正值中熟水稻的抽穗开花期，会引起花粉活力下降，颖花不育，造成水稻减产。避开高温对水稻结实的影响，要适期播种，避开炎热高温。要将一季中稻的最佳抽穗扬花期安排在8月中旬，以有效地避开7月下旬至8月上旬存在的常发性的高温伏旱天气。合理筛选应用抗高温性较强的品种，调整水稻后期追肥，

提高施肥中磷钾比例是有效的抗热害措施。当水稻抽穗扬花期遇35℃以上高温天气有可能形成热害时，可以在田间灌深水，根外喷施3%过磷酸钙或0.2%的磷酸二氢钾溶液，增强稻株对高温的抗性，减轻高温伤害。如已遇高温，则加强受灾田块的后期管理。首先坚持浅水湿润灌溉，防止秋旱进一步加剧；后期切忌断水过早，以收获前7～10天断水为宜。其次加强病虫害防治。

36. 水稻为什么要进行搁田？

水稻搁田具有协调水稻碳、氮关系，控制无效分蘖，促根、壮秆、控蘖、防病等综合作用，不同栽培方式应采取不同的水稻搁田策略，做到适时适度。通常在无效分蘖期到穗分化初期这段时间进行搁田，操作中因品种类型而异。在有效叶龄期前茎蘖数达到适宜穗数要适当重搁和先搁田，如果稻田群体生长比较弱，可适当推迟搁田和适当轻搁。搁田都要求在倒3叶末期结束，进入倒2叶期，田间必须复水。搁田程度还要看田、看苗、看天而定。稻田爽水性良好的要轻搁，而黏土、低洼稻田可重搁。阴雨天气、苗势较好的田块要适当重搁田。

37. 怎样施穗肥？

施穗肥的目的：一是增多小穗数，争取大穗；二是防止小穗败育，确保粒多。根据施用时期和作用不同，穗肥可分为促花肥和保花肥。促花肥一般在倒4叶露尖时施用，保花肥一般在倒2叶露尖时施用。穗肥一般占总施氮量的20%左右。施穗肥时，要看田、看苗、看天。地力较瘦或前期施肥较少、水稻生长苗势较弱、叶片挺直、叶色褪黄的要适当多施穗肥；晴天要多施穗肥，阴雨天可适当减施穗肥。前期施肥适当、水稻长势平衡的保花肥用量不宜过多。破口时，如叶色褪淡明显，可少量补施一次，以氮、磷、钾复合肥为好。

38. 什么是水稻旱直播栽培？

水稻旱直播栽培是指田块在干旱缺水情况下，经犁耙施入基肥，将已浸种催芽（或干谷）的稻种拌种衣剂后直接播入大田，然后耙泥覆盖稻种，喷除草剂，利用自然降水或灌溉达到田间湿润使稻种发芽，出苗后，按常规管理的一项新的栽培技术。

39. 水稻旱直播有什么好处？

一是在春季缺乏灌溉条件而缺水，造成早稻不能按季节播种的田块，采用此项技术能按季节播种。一旦有降雨，土壤湿润后种子就能出苗生长，既可赶上季节，又可避免早稻搁荒。二是有灌溉条件，但水尾田到水较迟，早稻不能按时播种的田块，采取此项技术能按时播种，赶上季节，避开晚稻受寒露风的袭击。三是此项技术具有抗旱、抗寒、节水、省工、省力、增产、环保、病虫害减轻、结实率提高、操作简便等优点。一般可提高水稻产量5%～10%，节水50%以上。

40. 什么样的品种适合旱直播？

水稻旱作后生育期延长，因而要选用熟期较早品种。同时还应具备根系发达，生育健壮，穗大粒多，抗旱性强。旱种水稻品种大穗弱蘖型的不稳产，多蘖小穗品种产量高而稳产。

41. 水稻旱直播如何整地保墒？

水稻春旱种要求土地平整，高低差超不过3厘米。要在秋耕的基础上浇冻水，经冬春冻融交替，风干土壤，再经春耕旋耙地，达到土壤细碎无坷垃的要求。

水稻种子顶土能力较弱，不能过深播种。土壤要有足够的水分，表墒要求控制在田间含水量的20%～30%。水稻春旱种播种期一般在立夏前后，正是多风、少雨干燥季节，不易保墒，必须采取造墒措施，方法是：在播种前3～4天浇足底墒水，灌水量一般掌握在35吨/亩*左右。播种时土壤墒情达到抓土成团、放手落地即散程度，尽量防止播后浇灌蒙头水。

42. 水稻旱种什么时间播种?

（1）适时早播　据试验证明，气温12℃播种时，出苗需30天，15℃时需14天，18℃时需10天，20℃时播种7天即可出苗。播种过早，种子养分消耗大，苗子弱，长势差，容易感病和烂种。播种过晚，出苗快，但生育期缩短，易贪青晚熟。因此，气温17℃时播种为宜。冀东地区气温稳定17℃的时间为4月25日左右，适宜的播种日期为4月20～30日。

（2）趁墒抢种　土壤相对含水量在75%左右是水稻春旱种出全苗的适宜墒情，低于60%影响出苗。由于播种期地面蒸发量大，造墒后或遇雨及时趁墒抢种是水稻春旱种出全苗的关键措施。

43. 水稻旱种播种量如何确定?

每亩湿种播种量8～10千克。地力好、底墒足的可适当减少，地力差的沙质地块，播种量可适当加大些。播种深度2～3厘米为宜，黏土墒情好的地块播深不少于2厘米，墒情差的地块播深也不能超过4厘米，播后覆土耧平耙细。

---

* 亩为非法定计量单位，15亩=1公顷。——编者注

44. 水稻旱种播后如何管理?

(1) 镇压 播种后第二天即可开始镇压，标准是磙子不沾土为宜，连续滚压2～3遍，俗话说“压得越紧出苗越全”。但要防止把土壤压僵。

(2) 除草 消灭草荒是春旱种成败的关键措施，实行土壤封闭和茎叶处理化学除草，辅助人工除草，基本能避免草荒的发生。①土壤封闭除草，播种后每亩用60%的丁草胺200～300克兑水50千克喷雾，或60%的丁草胺100～150克加12%恶草酮100～150克兑水50千克喷雾。②茎叶处理灭草。出苗后稗草2叶期前用20%敌稗1千克加苄磺隆30克兑水50千克喷雾；超过4片叶的稗草每亩用50%的二氯喹啉酸25克兑水50千克喷雾；播种后3周内每亩用10%苄磺隆20克兑水50千克喷雾防治眼子菜、苦草；6月底每亩施48%苯达松200克兑水50千克喷雾；防治莎草科杂草，局部发生的，也可用72% 2,4-滴丁酯200克兑水10千克戴手套蘸药水涂抹草茎。③人工辅助除草。

(3) 查苗补苗 如播后遇雨，造成土壤板结，应及时松土助苗出土。播种不均或漏播造成缺苗断垄的，应及早用同一品种催芽补种，来不及补种的可疏密补稀就地移栽补苗。

(4) 灌水 春旱种水稻播后经过40～50天的旱长阶段，到6月上、中旬叶龄可达4～6片叶，此时进入灌水阶段。灌水时注意初灌头一水要小（以水洇湿丘面不露白即可）；二水要赶（头水2～3天地皮板结之前紧灌二水）；二水浇不透的紧接着灌第三水；还要灌好拔节孕穗水。抽穗扬花期灌水要干干湿湿，以湿为主，丘面湿润不裂缝。灌浆期灌水要干干湿湿，以干为主，裂缝不超过1毫米。

(5) 追肥 按前重后轻的原则追肥，早施重施分蘖肥，结合浇头水，每亩施碳酸氢铵20～30千克。穗肥应按弱苗早施多施，旺苗晚施少施或不施的原则巧施，一般每亩施碳酸氢铵10千克左右。8月下旬喷施0.2%的磷酸二氢钾加叶青双，防早衰。防治病虫害

用药时期、药剂用量及使用方法与常规水稻相同。

45. 防治水稻病虫害哪些药剂可以混合用?

（1）7月中旬，田间若出现纹枯病，同时又有白叶枯病或叶瘟较重，可用井冈霉素、叶青双和三环唑混合使用。

（2）7月底剑叶抽出时，为了防治稻曲病和纹枯病及稻瘟病，用三环唑、井冈霉素、己唑醇混用。

（3）8月上旬是水稻破口期，用杀虫双防治二化螟，加入井冈霉素、三环唑或富士一号、叶青双混合，预防病害、虫害。

（4）8月中旬，水稻齐穗期，使用富士一号，叶青双、井冈霉素及磷酸二氢钾防治后期病害发生，增加千粒重，提高产量。

46. 插秧前防除稗草应选用哪些农药?

在稗草萌发至2叶前，亩用60%丁草胺100～150克，均匀甩于水面，进行水面封闭。田面保水5～7厘米，时间持续5～7天。或用12%恶草酮150～200克甩施，田面保水4～5厘米即可。

47. 稗草等水生杂草混生怎么防除?

水生杂草可选用10%苄磺隆或10%吡嘧磺隆，每亩20～30克加60%丁草胺100克，兑水喷洒田面，插前3～4天内田间保水5～7厘米，如果插后使用苄磺隆，那么插前先用丁草胺封闭，插后15天左右用10%苄磺隆或10%吡嘧磺隆20～30克拌土均匀撒施。

48. 秕粒形成的原因是什么?

温度是导致水稻秕粒形成的重要因素之一。水稻灌浆最适宜的温度是25～30℃，低于这个温度，灌浆就变慢，每降低1℃，成熟过程就推迟0.5～1天，日平均气温降到15℃以下，灌浆就很困难，籽粒就不能充实，形成秕粒或青粒。造成秕粒的根本原因还在于养分制造积累能力。如叶片早衰或贪青晚熟，以及倒伏和病虫害影响了养分的制造和积累，都能造成结粒不饱。

49. 水稻空壳的原因是什么？如何防止？

空壳是稻花的生殖器官发育不正常或在受精过程中遇到障碍而没有受精的谷粒。空壳出现的最主要原因：一是在幼穗分化期间遇到了低温危害，幼穗不能安全分化。这时的最适温度是25～32℃。二是在抽穗扬花期间遇到了低温，影响安全抽穗。水稻开花授粉的最适温度为30～32℃，最低温度为15℃，如果日平均气温低于20℃，日最高气温低于23℃，开花就少，或虽开花而不授粉，形成空壳。水分对抽穗开花影响也很大，一般空气相对湿度70%～80%对抽穗开花最合适，如果低于50%，花药就会干枯，花丝不能伸长，甚至穗子也抽不出来。但湿度过大，花药不能开裂，也会形成空壳。

一般来说，低温影响幼穗安全分化及齐穗，这多是在选用了晚熟品种而又晚播的情况下发生。因此，防止空壳的关键在于选用适宜的品种、掌握适宜播期。

50. 水稻倒伏的原因是什么？

一是品种不抗倒；二是耕层浅、插秧密度不合理，造成根系生长不良，群体通风透光条件不好，也易导致倒伏；三是肥水管理不当。片面重施氮肥，分蘖发苗过旺，拔节长穗期叶面积过大，封行过早，造成茎基部节间徒长，下部叶片早衰，带来根系发育不良，是引起倒伏的主要原因。

防止水稻倒伏的措施是：首先选用茎秆粗壮、叶片直立、剑叶

短以及根系发达的抗倒性强品种。其次要合理密植，根据不同品种的分蘖特性和土壤肥力与供肥水平，确定适合的移栽密度。过密移栽则群体过大，容易导致倒伏；过稀移栽群体不足，也不利于高产。第三要合理施肥，适量施用氮肥，增施磷、钾肥和有机肥。根据水稻需肥规律和土壤供肥能力，科学合理配方施肥，做到氮、磷、钾与有机肥配合使用，增强抗到性。第四，做到合理灌水，浅水栽秧，寸水活棵，达到预期茎蘖数指标时进行搁田。既能控制无效分蘖，又能提高抗倒伏能力。灌浆期干湿交替灌水，达到养根保叶、提高抗倒伏效果。第五，要注意防治稻瘟病、纹枯病、稻飞虱、稻螟虫等，预防病虫害引起的倒伏。

51. 如何防止水稻贪青和早衰？

水稻贪青是指水稻生育后期叶色不褪淡而依然保持叶色浓绿，叶片柔嫩。造成贪青的原因是由于中后期供氮过量，使无效分蘖增多，从而使空秕粒增多，千粒重下降。水稻贪青易迟熟，早稻会影响后季作物栽插，晚稻易遇低温危害，造成颗粒失收。贪青的水稻叶片披垂，抽穗后易倒伏，且易感病虫害。所以，水稻中后期施氮肥不宜过量。

早衰是水稻后期未成熟前，叶片功能提早衰退枯黄，甚至死亡。引起水稻早衰的原因，主要是后期缺肥、断水过早或后期灌水太深，会严重影响水稻产量。水稻早衰除与品种特性、病虫危害有关外，还有生理早衰的现象。因此防止早衰，首先要合理密植；其次在施肥技术上要平稳促进，对缺肥引起早衰的水稻，抽穗时可酌施粒肥或根外追肥，如用1%～2%尿素或2%过磷酸钙喷施；第三对土质黏重、通透性差的田块，后期应采取干干湿湿的灌水方法，防止后期断水过早。水稻生育后期遇低温或台风，要及时灌水护苗。

二、小麦生产实用技术

1. 如何选择高产品种？

一是要求矮秆，抗倒能力强，因为易倒伏品种是小麦减产的重要因素；二是要求大穗，这是进一步增产的关键；三是要求适应性强，包括有较强的越冬能力，抗旱、抗干热风等，小麦生长的春季在北方是十年九旱，而且随着地下水的过度开采，小麦抗旱能力越来越重要；四是要求抗病，如抗锈病、白粉病等。

2. “七分种，三分管”的生产意义是什么？

在 20 世纪由于生产条件相对落后，在农作物种植上提倡“三分种，七分管”，把管理放在重要位置，以弥补物资投入的不足。近十余年，随着生产条件的极大改善，新品种、新技术的推广，投入的增加，劳动力成本的上升及农业机械的推广普及等，播种质量好坏对小麦产量起着关键的作用，高产麦田要求一播全苗，苗全苗壮是形成高产的基础。因此，逐渐转变为“七分种，三分管”，把一些技术措施简化，融入到播种之中，随着播种一起落实，既节省劳动力又实现高产。

3. 什么是干热风危害？

干热风是指小麦灌浆中后期，由于高温、低湿并伴随着大风，

形成大气干旱，对小麦灌浆影响大。在短暂的时间内，蒸发量急剧增加，土壤水分大量消耗，呼吸加强。小麦受害后，茎叶出现青枯，籽粒瘦瘪，粒重下降，产量和品质下降。干热风一般发生在5～6月。

4. 如何预防干热风?

一是要浇好小麦灌浆水、乳熟阶段的麦黄水，根据土壤墒情适时灌溉，增加土壤含水量，增加田间湿度，改善田间小气候，有利于保持绿色叶面积。二是增施底肥。多年的试验证明，底肥足可以促进小麦结实器官发育，增强抗逆性，尤其是农家肥足，可以预防后期早衰，增加后期土壤的供肥能力。三是后期补充磷、钾肥。小麦生长后期喷施磷酸二氢钾可以减少植株叶面蒸腾，加快灌浆速度，增加粒重。

5. 土壤深松的作用是什么?

近十余年来，在小麦播种时多采取机械化作业，旋耕、播种一次完成，一般旋耕深度在15厘米以内，致使土壤耕层变浅，并形成了深厚的犁底层，不利于农作物根系生长，以及土壤的蓄水保墒。据监测，表土耕层每加深1厘米，就可以使土壤多存储3毫米的降水，深松达到30厘米，每公顷土壤可多蓄水400米^3，又有利于根系深扎，提高植株抗旱、抗倒的能力，增产效果十分显著。

6. 小麦越冬冻害的表现及其预防措施是什么?

在我国北方麦区，冬小麦处于越冬期时，由于低温、干旱等不利气象条件的影响，往往发生越冬死苗现象，即所谓小麦越冬冻害。一般冻害死苗发生在低温干旱年份，尤其是返青期干旱，土壤含水量低，致使分蘖节处于干土层中而发生。预防措施：一是选用抗寒品种。近几年冀东地区引进了多个山东及石家庄地区的品种，如良星 66、良星 99、石家庄 8 号等，但仍存在风险，在生产上不宜大面积应用，可以作为搭配品种推广。二是适时播种。“晚播弱、早播旺、适时播种麦苗壮。”晚播的独脚苗和发育过头的过旺苗，植株体内营养积累少，分蘖节含糖量低，易遭受冻害。三是掌握适宜的播种深度。据多年调查，凡是分蘖节在土表不足 1 厘米，极易冻死，分蘖节在土表 2～3 厘米的冻死极少。四是适时浇封冻水。浇封冻水可以蓄水保墒，平抑地温，防旱防冻，但浇封冻水的时机一定要掌握在“夜冻昼消”时进行。

7. “三改一追”的技术内容是什么?

“三改一追”即在冀东地区将晚播改为适当早播，将大播量改为半精量播种，将浇冻水改为浇 2 叶 1 心分蘖盘根水，在浇水的同时追施适量化肥。以 9 月 17 日为最佳播种日期，亩播量为 5.5 千克，每晚一天增加播量 0.165 千克。前茬一般为花生茬和春玉米茬，这两种作物一般在 9 月上旬收获，腾茬较早，有充足的整地播种时间。

8. “三改一追”增产的原因是什么?

“三改一追”增产的原因：一是培育冬前壮苗，半精量播种可以使单个小麦植株获得较大的营养空间，促个体发育健壮，争取较多的冬前分蘖，春季管理以控为主，推迟春季第一水，追施拔节肥，减少小花退化，争取大穗。据调查，9 月 20 日前亩播 6.25 千克的小麦田，平均亩穗数 42 万，穗粒数 31.2 个。10 月 1 日以后播种的麦田，亩播量 15～20 千克，亩穗数 42 万，穗粒数 24.8 个。两者亩产量相差近百千克。生产实践表明，适期早播，半精量播种春季控春蘖发生，推迟第一肥水施用，可以大幅度提高产量。二是播种较早的小麦在早春就进入光照阶段，由于当时气温较低，发育

速度慢，因此每穗形成的小穗和小花数目增多，利于形成大穗。

9. 如何选择冬小麦的种植模式？

冀东地区播种冬小麦前茬作物有春玉米、夏玉米、花生、水稻等作物，即小麦—夏玉米—花生两年三熟，小麦—夏玉米一年两熟，或小麦—麦茬稻—春玉米两年三熟，花生和春玉米收获较早，夏玉米一般需在10月初收获，从而形成了适时播种和适时晚播两种种植模式，可根据不同茬口合理安排播量、播期，实现高产。

10. 如何确定冬小麦播期和播量？

冀东地区地理位置比较特殊，因而形成了冬小麦高产地块不同的播期和播量。在多年的试验、示范和生产实践基础上，该地区确定了合理的播期和播量。

(1) 两年三熟模式　即小麦—夏玉米—花生两年三熟，由于花生收获较早，可充分利用冬前积温，适时早播。播种适期在9月20～27日，以9月23日为基数，要求亩基本苗15万左右，亩播量6.75千克，早播1天，减少种子量0.25千克，晚播1天，增加种子量0.25千克。

(2) “两晚栽培”模式　即小麦—夏玉米一年两熟，适当推迟玉米收获期，延长玉米灌浆时间，提高夏玉米产量，玉米收获后及时抢种小麦，实现小麦、玉米均衡增产。播种适期为9月28日至10月8日。以10月2日播种为基数，要求亩基本苗20万～22万，亩播量10～11千克，早播一天少播0.5千克种子，晚播一天多播0.5千克种子。

11. 播后镇压有什么好处？

播后镇压可以压实土壤，使种子与土壤紧密接触，有利于种子吸收土壤水分，大大提高种子的发芽率，实现苗齐、苗壮。播后可视土壤墒情进行镇压，土壤墒情较差的地块，播后及时镇压，人工造墒和播后遇雨的地块，可在播后2～4天进行镇压，过早镇压地表易形成硬痂，影响出苗。

12. 麦田秸秆还田的意义是什么？

近几年大多数农民已认识到秸秆还田的好处，但部分农民还在偷偷焚烧秸秆。随着小麦机械化种植、收获的普及，田间滞留大量秸秆，不便于播种下茬作物，为省工省力，有些农民采取焚烧的办法，严重影响了大气环境，还对土壤环境造成了恶劣影响。小麦秸秆中含有大量有机质，还含有0.4%～0.6%的氮素，0.13%～0.27%的磷素，1.0%～2.0%的钾素，秸秆还田不仅可以提高土壤有机质和大量元素含量，其中尤以钾素的增加最为明显，可以培肥地力，改善土壤结构和理化性质，还可以蓄水保墒，增强下茬玉米的抗旱能力，尤其对沙性土壤的增产效果十分明显。

13. 如何浇好扬花灌浆水？

小麦抽穗开花后，对水分的需求更为敏感，此时是决定千粒重的重要时期。充足的水分可延长上部叶片功能，保持适宜的光合叶面积，提高光合强度，防止早衰；还可以促进碳水化合物的合成与运转。浇好扬花灌浆水十分重要，要视土壤质地、苗情和天气状况适时浇好扬花灌浆水。视土壤质地，沙性土壤水分蒸发较快，可及早浇水，中壤和重壤土土质黏重，土壤水分蒸发较慢，可推迟浇水。视苗情，有贪青趋势的麦田，或亩穗数较多，田间群体偏大有倒伏危险的田块可缓浇。看天气，浇水期间没有大的降水，且无大风天气，可以早浇，以免浇后遇大雨、大风造成倒伏。

14. 冬小麦壮苗的标准是什么？

壮苗标准因地区、品种类型、墒情条件、播期和播量等有所不同，总的看，凡是个体健壮、群体合理的都可成为壮苗。具体标准有以下几点：

（1）个体健壮、群体合理。根据不同地区的要求，小麦单株必须有一定数量的健壮分蘖，就群体而言，还要有适宜的亩茎数和叶面积指数，为保障在个体健壮生长的基础上达到适宜的群体，除进行合理密植外，还要根据苗情发展运用促控措施。根据冬小麦每年的资料分析，达到壮苗标准的越冬前亩茎数，以相当于成穗数的1.5倍为宜，旱地麦以2倍为宜。

（2）根系、叶片和早期分蘖应按期发出，如三叶一心期，一般应有1个分蘖，1～2条次生根，其后，各级分蘖和根系均应按叶蘖同伸规律发生。大的分蘖成穗率高，穗子整齐，是高产的基础。

（3）叶片宽厚、长短适中，叶色葱绿，分蘖茁壮，次生根多、洁白粗壮。

15. 冬小麦冬后如何管理？

麦苗经过越冬期休眠后，即将进入返青期，此阶段表土开始解冻，新叶尚未显绿，一般麦田麦苗大部分叶片干枯，地表有许多裂缝，加之春季多风天，土壤失墒较快，土壤墒情较差的麦田，会导致返青迟缓，甚至发生死苗。此阶段应提早动手，视气温情况，浇补墒水，但以浇小水为宜，以喷灌最好，也可耧麦压麦，起到弥合土壤缝隙、减少水分蒸发、促苗早发的作用。

16. 春季第一肥水何时施为宜？

具体时间主要视苗情和土壤墒情而定。土壤墒情好、群体足的麦田，可推迟到拔节期施用，这样，可减少春季分蘖的发生，促进分蘖提早两极分化，保大蘖成穗，同时促进幼穗分化，较少小花退化，增加穗粒数。土壤墒情好、群体不足的麦田，可以耧麦为主，遇小雨可趁墒追施适量的化肥，促苗早发。土壤墒情较差的麦田返青前后要及时浇返青水，防止麦苗因干旱返青晚或出现死苗，随浇水追施化肥。

17. 麦田化学除草的方法有哪些？

冬小麦田以越年生杂草为主的地块，可根据冬前杂草发生数量，选择冬前除治和冬后除治，一般冬前防除效果好于冬后除治。经试验表明，荠菜耐药性强于播娘蒿，冬前生长量较小，除治效果好，春季荠菜生长较快，等到小麦起身期用药防治时荠菜叶龄较大，耐药性较强，很难起到理想的防治效果。近几年由于连续使用10％苯磺隆，荠菜已产生抗药性，建议冬前使用 72％ 2,4 -滴丁酯，冬前亩用量 30～40 克，春季亩用量 50 克，但应注意冬前用药在麦苗 3 叶期以后。

18. 如何进行药剂拌种？

小麦种传病害主要有黑穗病，可分为腥黑穗病和散黑穗病，此病一般随种子进行远距离传播，近几年发生有上升势头。苗期害虫以地下害虫为主，效果好的技术措施有药剂拌种防治，可选用 2％戊唑醇拌种剂，药种比例以 1∶170 为宜，防治地下害虫可用 50％辛硫磷，药种比例以 1∶200 为宜。

19. 冬小麦繁种的程序是什么？

任何优良品种，在连续种植过程中，由于天然杂交和环境条件影响使品种的遗传性发生变化，还有机械混杂的原因，出现高矮不

齐，成熟不一，品种性状发生改变，穗子变小，品质下降，产量降低，以至于不能在生产上连续使用，为了保持和提高良种的优良特性，延长良种的使用年限，必须做好去杂选优的良种繁育工作。据试验观察，经过去杂选优的小麦品种，一般可增产5%～10%。良种繁育最好的方法是采用单株选择，分系比较，混合繁殖。具体做法是：第一年在大田选择具有该品种典型优良性状的单株或单穗，分别脱粒，播种时每穗种一行，即为株行圃；第二年，将株行圃中非典型的株行淘汰，其余混合收获脱粒，供下年繁殖；第三年，繁殖原种可供大田使用。

20. 冬小麦各生育阶段对产量的影响是什么?

亩穗数、穗粒数、千粒重是构成小麦产量的3个要素，冬小麦各器官的发育形成、结构和功能决定这3个因素的形成。

幼苗阶段：包括从出苗到起身期。在这一阶段中，小麦长出分蘖、次生根和近根叶片，主茎生长锥从未伸长到分化小穗（二棱末期）。从小麦生长发育特点和栽培管理要求来看，幼苗阶段是形成壮苗并为以后长成壮秆、大穗打基础的阶段，因为起身以前，分蘖几乎全部长出，一部分次生根和全部近根叶片都在这期间形成，在这时期采取措施，才能有效改善各种弱苗，如分蘖不足的，可以采取措施促分蘖增加。

器官形成阶段：包括从起身到开花，在这一阶段中，小麦长出全部茎叶片和节间，结实器官从分化小穗到分化小花、雌雄蕊，完成穗分化的全部过程，此阶段管理目标是通过影响分蘖的两极分化进程，确定合适的穗数，通过改善群体条件，满足肥水需求，以利于分化较多的健全小花，增加穗粒数。

籽粒形成阶段：包括开花期到成熟期。此阶段不再形成新的营养器官和结实器官。一般来说，在适宜的外界条件下，最后决定亩穗数和穗粒数，同时，灌浆的好坏，又影响籽粒的大小、饱满度和品质。在管理上，保持适宜的土壤水分，注意预防病虫害和自然灾害，保持绿色器官的光合能力，促进正常成熟，提高千粒重。

21. 分蘖节的作用是什么?

幼苗时期的分蘖节，不断地分化大量的分蘖芽和次生根，分蘖节里交织着大量的输导组织，联络着根系、主茎、分蘖的茎，根所吸收的水分、无机养分，地上部和根系创造的有机物质，都经过这里输送分配。同时分蘖节储存着大量养分，分蘖节所处的环境影响幼苗整株的生长。北方冬麦区小麦分蘖节过浅或土壤干旱易造成死苗，因此，播种深度要适宜，要浇好封冻水，防止分蘖节遭受冻害。

22. 分蘖在生产上有什么作用?

在生产上，根据麦田的基本苗数和所需的穗数，要求有一定数量的分蘖，在幼苗分蘖时期，保持分蘖环境有利于分蘖的发生，使分蘖数量达到要求。但当分蘖数量超过需要时，就应采取措施，控制分蘖的发生，以利于小麦群体的合理发展和个体的正常生长发育，同时，一定数量的分蘖出现，有利于单株营养物质的积累，有利于麦苗安全越冬。

23. 影响穗分化的主要条件是什么?

温度：在分化小穗和小花的过程中，温度对分化数量和质量有很大影响。其他条件相同的情况下，温度在10℃以下，分化时间长，数量多，温度较高则相反。在北方麦区，春季温度回升慢的年份，往往是“大穗年”，播期较早的小麦，穗分化也开始较早，往往形成大穗。

光照：小麦属长日照作物，在短日照下，易形成大穗。

密度：在生产上，密度过大的麦田，往往因光照不足，幼穗

分化速度减缓，每穗小穗数增多，但因麦苗徒长，植株体内的有机营养水平降低，退化小花数目大大增加，最后穗粒数反而下降。

水分：在幼穗分化过程中的不同时期，遭受土壤干旱，穗部性状会相应变劣，每穗的小穗小花数量变少，四分体期前后遇干旱，会引起结实率明显下降，因此，这是小麦一生对水分的要求最迫切、反应最敏感的时期，即为需水临界期。生产上，在小麦拔节到挑旗期及时供水，对于达到穗大粒多甚为重要。

肥料：氮肥能延长幼穗分化发育进程，使穗部各器官的数目增多。试验结果表明，二棱期以前追肥浇水，能增加每穗的小穗数目。小花原基分化的初期，或者二棱期追肥浇水，虽能显著增加每穗的小花数，并对减少退化小花数目、增加穗粒数有一定的作用，但不如雌雄蕊原基分化期和药隔期追肥浇水的效果好。但是，如果在小麦生育前期追施氮肥过多，造成拔节期前后植株徒长和消耗有机营养物质过多的情况下，即使在雌雄蕊原基分化期追肥浇水，对增加穗粒数作用也不大。磷肥不仅能促进根系发达和形成健壮的茎秆，还能增加穗部各器官的分化速度和强度，尤其是氮、磷配合施用，对增加穗粒数效果明显。钾肥有促进壮秆和大穗的作用。

24. 影响籽粒灌浆的主要因素是什么？

光合器官：指植株上部的旗叶和它下面的两片叶、穗和穗下节间。上部3片叶对灌浆影响最大，要注意保护这几片叶不受损害。

温度：籽粒形成和灌浆的适宜温度为20～22℃，过高过低都会影响灌浆的进程。

光照：开花到成熟期间，要求天气晴朗，光照充足。

土壤水分和空气湿度：在籽粒形成和灌浆期间，保持适宜的土壤水分，可增强物质积累强度，这是提高粒重的重要条件，抽穗后，最适合籽粒灌浆的土壤含水量为田间最大持水量的70%～

75%，过低会引起籽粒退化，瘪瘦。适宜灌浆的空气相对湿度为60%～80%。

土壤养分：氮素会延长绿色部分的功能时间，但氮素使用过多，会引起贪青晚熟。

25. 各种缺素症状的表现是什么？

缺氮表现为小麦植株瘦弱，叶片窄而薄，分蘖少，叶色发黄，严重时下部叶片枯黄，根细长多分枝，整个田块发黄。

缺磷时小麦呈小老苗，单株鲜重低，分蘖少，叶色暗绿，严重时下有枯叶（褐色），根系发育不良，黄褐色，结实率低。

缺钾时小麦植株细弱，单株鲜重低，叶色发黄，严重的下部叶片有褐色斑点，抗逆性差，易倒伏或易受冻害。

26. 哪些因素影响分蘖？

影响分蘖的因素有品种、基本苗、土壤肥力和其他栽培条件。

从品种特性看，冬性品种通过春化阶段需要的时间较长，从出苗到拔节期，经历的时间较长，主茎叶多，单株分蘖也多，有些播种较早的冬小麦，冬前可分蘖4～7个；春性品种通过春化阶段需要的时间较短，单株分蘖数也少。

从种子质量看，大粒饱满的种子分蘖力强，小粒较瘪的种子分蘖力较弱。

从栽培管理方面看，播期、播量、土壤肥力和施肥数量、覆土厚度、土壤水分和通气状况等，是影响分蘖的主要条件，在高土壤肥力下，可适当减少播量，增加分蘖。适当提早和推迟播期可控制分蘖数量，如果土壤肥力较差，会限制分蘖发生的数量。要增加分蘖数量，可采取增施肥料，提早播种等技术措施。分蘖的发生还常受土壤水分和通气状况的影响，可在小麦3叶期浇水促分蘖发生。

27. 冬小麦的需肥规律是什么？

小麦在各生育时期，对氮、磷、钾的吸收有所不同，对氮素吸收有两个高峰，一是从分蘖到越冬，吸收量占总量的13.5%；另一个是拔节到孕穗，吸收量占总量的37.3%。对磷、钾的吸收，到拔节以后急剧增加，以孕穗到成熟期吸收最多。其他元素包括微量元素，在一般土壤中或由于施用了有机肥料，对小麦并不缺乏，个别地块，由于土壤质地、位置的差异，出现缺乏，可以在小麦播种时底施补充。

28. 如何调控冬小麦氮肥施用？

冬小麦氮肥施用采用区域氮素总量控制和分期调控的原则，一般根据氮素具有总体稳定的特性，将一定区域范围内作物全生育期氮肥使用总量控制在一个合理的范围内。根据土壤氮素局部变异的特点，可以在这个范围的基础上，根据作物氮素吸收规律，对不同生育期的氮肥用量进行分配，通过作物目标产量和氮素吸收总量确定一定区域内氮素施用总量。对于河北省小麦—玉米轮作区，形成100千克籽粒的小麦需氮（N）量的变化范围在2.8～3.3千克/亩；对于目标产量为350～400千克/亩的小麦籽粒产量来说，氮肥施用总量应控制在10～12千克/亩，折合尿素25～30千克/亩。

29. 麦田一般施用多少氮肥？

高肥力麦田（有机质含量＞15克/千克）：亩产500千克以上，亩施氮肥（N）13～16千克；中肥力麦田（有机质含量10～15克/千克）：亩产500千克，亩施氮肥（N）14～16千克；低肥力麦田（有机质含量＜10克/千克）：亩产400～500千克，亩施氮肥（N）12～16千克。

30. 小麦播种过程中要特别注意做好哪些技术环节工作?

小麦播种过程中要特别注意以下几个技术环节：秸秆还田、施足底肥、浇水造墒、旋耕整地、药剂拌种、确定播期、控制播量、等行种植、播深适宜、耙耱镇压等。各环节紧密相关，缺一不可。

31. 冬小麦适时晚播春季管理如何进行?

冬小麦适时晚播以后，春季管理主要注意以下几个方面：一是灌溉技术，浇好拔节水、开花水等关键水，切忌浇返青水、麦黄水。土壤特别干旱的除外。二是施肥技术，氮肥的追肥时间以拔节期为宜，追肥比例为总施肥量的 40%～60%，全生育期总氮量施用的原则一般根据地力水平确定。

32. 适时晚播小麦如何浇好关键水?

由于冬小麦适时晚播，有利于其安全越冬，这就为免浇冻水提供了条件。适时晚播小麦的关键水主要包括造墒水、拔节水和开花水。

33. 适时晚播小麦的施肥技术有什么特殊要求?

施肥要按照限氮、稳磷、补钾的原则配比，高产麦田全生育期每亩施纯氮（N）13～16 千克，五氧化二磷（P_2O_5）10～12 千克，氧化钾（K_2O）6～8 千克，底施氮肥和追施的比例为 1∶1，磷、钾肥全部底施；中产麦田全生育期每亩施纯氮 14～16 千克，磷、钾肥可掌握在高产田施用量的下限，并全部底施，氮肥底施和追施的比例为 3∶2。

34. 小麦产量的构成要素是什么？高产麦田哪个因素对产量影响最大？

小麦的产量构成要素包括：亩穗数、穗粒数和千粒重。在河北省自然资源状况和当前推广的优良品种条件下，确保一定的亩穗数是夺取高产的先决条件，高产麦田亩穗数应在45万～50万，而穗粒数和千粒重则次之。

35. 小麦播种前茬秸秆如何处理？

玉米收获后用秸秆粉碎机粉碎秸秆，秸秆粉碎质量要求长度在10厘米以下，留茬高度小于10厘米。及时补氮，对秸秆还田的地块应按当地土肥部门要求增施氮肥，将玉米秸秆碳氮比调到25∶1。

36. 小麦播种整地应注意哪些方面？

（1）深耕作业 应先用圆盘耙或旋耕机进行灭茬作业，在切碎根茬的同时将碎秸秆与表层土充分混合，耕深应在20～23厘米，要求碎秸秆翻埋在10～12厘米土层以下，耕作时应将底肥播施，对耕作的地表进行整耙，保证耕地地表平整，土壤颗粒细碎均匀。

（2）旋耕作业 用旋耕机旋耕两遍，耕深在15厘米左右，要求地表无明显秸秆杂草。作业时应保证耕深一致，不漏耕、耕垡覆盖严密、地头整齐。

37. 冬小麦的生育期有哪些？

按植株地上各器官形成特征的明显变化，将小麦的一生划分为出苗、长叶、分蘖（越冬、返青）、起身、挑旗（孕穗、抽穗）、开花、乳熟、蜡熟和完熟等生育期。

出苗期：主茎第一片绿叶伸出，离地表 2 厘米左右。

三叶期：主茎第三叶伸出 2 厘米左右。

分蘖期：第一个分蘖伸出叶鞘 2 厘米左右。

起身期：主茎和分蘖的叶鞘显著伸长（冬性品种幼苗从匍匐转为直立），第一节间在地下开始伸长，穗分化从二棱末期到护颖分化期。

拔节期：主茎和分蘖的茎节伸出地面 2 厘米，穗分化到小花分化期。

孕穗期：也叫挑旗期，主茎和分蘖的旗叶展开，旗叶叶鞘包着幼穗明显膨大，穗分化进入四分体期。

抽穗期：穗子的二分之一露出旗叶叶鞘。

开花期：穗中、上部花开放，露出黄色花药。

乳熟末期：籽粒表面绿黄色，体积达到最大值，胚乳呈炼乳状，籽粒含水量在 45%左右。

蜡熟期：籽粒变黄，胚乳呈蜡状，麦粒可被指甲掐断，含水量在 25%～35%。

完熟期：籽粒变硬，茎秆枯黄，含水量降到 25%以下。

越冬始期：气温稳定在 0℃以下，植株停止生长。

返青期：春季气温回升后，植株恢复生长，新叶新长部分露出叶鞘 2 厘米。

38. 如何确定冬小麦磷肥施用量？麦田一般使用多少磷肥？

按照土壤有效磷测试结果和养分丰缺指标进行分级，当有效磷水平处在中等时，可以将目标产量需要量（只包括带出田块的收获物）的 100%～110%作为当季磷用量；随着有效磷含量的增加，需要减少磷用量，直至不施；而随着有效磷的降低，需要适当增加

磷用量；在极缺磷的土壤上，可以施到需要量的150%～200%。2～4年后再根据土壤有效磷和产量的变化再对有效磷用量进行调整。冬小麦亩产量300～400千克，当土壤有效磷含量处于中等水平（14～30毫克/千克）时，每亩可施用3.5～5千克磷肥（P_2O_5）；当土壤有机磷含量处于低水平（7～14毫克/千克）时，每亩可施用5.2～7千克磷肥。亩产400～500千克，当土壤有效磷含量处于中等水平时，每亩可施用5～6千克磷肥；当土壤有效磷处于低水平时，每亩可施用6～9千克磷肥；当土壤有效磷含量处于高水平时，可不施用磷肥。

39. 如何确定冬小麦钾肥施用量？麦田一般使用多少钾肥？

按照土壤速效钾测试结果和养分丰缺指标进行分级，当速效钾处在中等时，可以将目标产量需要量的100%～110%作为当季钾用量；随着速效钾含量的增加，需要减少钾肥用量，直至不施；而随着速效钾的降低，需要适当增加钾肥施用量；在极缺钾的土壤上，可以施到需要量的150%～200%。如果麦田实行了秸秆还田或施用了有机肥，需要相应减少钾肥施用量。冬小麦亩产量300～400千克，当土壤速效钾含量处于中等水平时，可每亩施用2～3千克钾肥（K_2O）；当土壤速效钾含量处于低水平时，可每亩施用3～4千克钾肥。冬小麦亩产400～500千克时，当土壤速效钾含量处于中等水平时，可每亩施用3～4千克钾肥；当土壤速效钾含量处于低水平时，可每亩施用4～5千克钾肥；当土壤速效钾含量处于高水平时，可不施用钾肥。

40. 冬小麦磷、钾肥如何施用？

一般冬小麦磷、钾肥料全部作基肥，可随小麦播种一起施入土壤。

41. 土壤缺锌的临界指标是多少？如何补锌？

生长在土壤有效锌含量低于0.5毫克/千克时，冬小麦、夏玉米易出现缺锌症状，影响产量，这时需要补施锌肥，一般根据土壤缺锌程度每亩底施1.5千克硫酸锌。

42. 土壤缺锰的临界指标是多少？如何补施锰肥？

土壤有效锰含量低于5毫克/千克时，冬小麦、夏玉米易会出现缺锰症状，影响产量，这时需要补施锰肥，一般根据土壤缺锰程度，每亩施0.2～0.4千克硫酸锰。

43. 麦田为什么要底墒充足？

通过播前灌足底墒水，使2米土体的含水量达到田间持水量的90%以上，一般年份浇底墒水50米^3/亩，切忌抢墒播种，要破除只有多灌溉才能多打粮的传统观念，树立以利用土壤水的新观念，播前储足土壤水分，小麦一生可减少灌溉水50～100米^3。由于多利用土壤水，麦收后土壤空库容大，可以较多地接纳夏季降水，减少汛期雨水损失。

44. 小麦不同生育时期适宜的土壤水分含量是多少？

小麦不同生育时期对土壤水分的含量要求不同。播种至出苗期，应维持土壤田间最大持水量的75%左右，以满足种子萌发出苗过程的水分需要，如这时期土壤水分含量低于田间最大持水量的55%，则小麦出苗困难，低于35%则不能出苗。出苗至返青，要求维持在田间最大持水量的75%～80%，以利于幼苗的健壮生长，分蘖增加。较高的土壤水分也有利于增大对温度（尤其是

冬前低温）的缓冲性能，有利于麦苗安全越冬。拔节至抽穗阶段，气温上升较快，营养生长和生殖生长同时旺盛进行，器官大量形成，对水分的反应极为敏感，该期间土壤水分应维持在田间最大持水量的70%～90%。如低于60%，则会导致分蘖成穗数和穗粒数的下降，对籽粒产量造成很大影响。开花至成熟期，宜保持土壤含水量不低于最大持水量的70%，以促进籽粒灌浆，增加千粒重，低于70%易造成干旱高温逼熟现象，导致粒重降低。

45. 小麦一生对营养元素有什么需求?

小麦一生所积累的干物质中，大量元素有碳、氢、氧，共占95%左右，氮、磷、钾各占1%以上，钙、镁、硼、硫各占0.1%以上。微量养分元素中，还有氯、铁、锰、锌、铜等。其中大量元素碳、氢、氧来自空气和水，通过光合作用而获得。而氮、磷、钾和其他微量元素主要依靠根系从土壤中获得，研究表明，小麦每生产100千克籽粒，约需氮（N）3千克，磷（P_2O_5）1～1.5千克，钾（K_2O）4千克，三者间比例为3∶1∶4。随着产量水平的提高，氮、磷、钾的吸收量相应增加，这是确定小麦施肥量的重要依据。

46. 小麦小畦灌溉技术要点是什么?

通过精细整地，将农田整理成小的畦田，即长畦改短畦，宽畦改窄畦，大畦改小畦，土壤质地偏沙的畦田小一些，土壤质地偏黏的畦田适当大一些，一般每亩整理成10个左右，畦田宽度6～8米，畦长10～12米，畦埂高度一般为0.2～0.3米，底宽0.4米左右，地头田埂和路边田埂适当加宽培厚，以畦田进行单元灌溉，可有效地控制灌水量，减少水分流失。

47. 麦田化控技术怎样实施？

返青期如果小麦亩群体大，一定要及早采取化控防倒措施。一般返青期亩茎数超过100万的麦田，当麦苗起身开始生长时，采取化控防倒措施，每亩可用30～40毫升壮丰安或多效唑粉剂40克，兑水50千克进行喷施。实践证明，若喷施时期掌握得好，就可以有效控制倒伏；若喷施时期过晚（到拔节期），则起不到防止倒伏的作用，费工费钱，甚至还会带来不良后果。另外，化控要在晴天无风的天气进行，日平均温度在10℃左右时喷施利于麦苗对药物的吸收，可达到理想效果。

48. 小麦如何进行早春防冻？

（1）划锄 在土壤返浆时进行顶凌划锄，可以松土、保墒、增温、除草，增强麦苗的御寒能力。不论弱苗、旺苗还是壮苗，都要在返青期抓紧划锄；对于有旺长趋势的麦田，还可以适当深锄，以抑制春季分蘖。划锄时，要注意掌握浅锄、细锄，边锄边把坷垃推散；若在划锄前先进行镇压，可使土壤不支空，从而收到上松下实、提墒保墒的效果。

（2）镇压 早春对麦田镇压，可以粉碎坷垃，弥合裂缝，使麦根与土壤密接，防止冷空气侵入而伤害麦苗。同时，镇压还具有提墒作用，可以增加土壤表层的含水量，有利于缓和低温冷害。

（3）施肥 小麦早春施肥，可以弥补冬季地力消耗，增加养分积累，促进麦苗返青生长，抗御或减轻早春冻害，尤其在冬季气温高、麦苗持续生长、地力消耗大的年份，早春施肥尤为重要。小麦早春施肥，应抓住土壤刚刚化冻返浆的有利时机，借墒开沟深施。一般不应浇水，以免降低地温，影响麦苗生长。

（4）喷药 在小麦返青至起身期，每亩喷洒200毫克/千克多效唑溶液30～40千克，可抑制麦苗生长，增强抗寒能力。

49. 如何防治小麦倒伏?

小麦抽穗后，由于植株高大，如遇风雨天气，常出现倒伏，造成减产，一般减产20%～40%，严重地块可减产80%以上。因此，随着小麦产量的提高，防治小麦倒伏是当前小麦高产的主要措施之一。

（1）选用抗倒伏品种、矮秆品种 近几年，生产上推广的良星66、石家庄8号、京冬22等新品种，一般株高在80厘米左右，抗倒伏能力较强。

（2）合理密植 根据播期、施肥水平、品种选用合理的种植密度，一般高产地块，亩穗数宜控制在40万～50万，减少田间郁蔽，增强植株抗倒伏能力。

（3）化控防倒 对于田间亩茎数偏多，有倒伏倾向的麦田，可在起身至拔节期前，亩用15%多效唑可湿性粉剂50克喷雾，可降低株高，增加茎秆强度，抗倒伏。

50. 播前晒种有何作用?

在小麦播种前2～3天，选晴天1～2天晒小麦种子。具体方法是：在地上铺上苇席或布，把要晒的种子摊开，厚3～5厘米，并2～3小时翻动一次。切忌在水泥地上直接晒种。晒种可促进种子的呼吸作用，提高种皮的通透性，加速种子的生理成熟过程，打破种子休眠，提高种子发芽率和发芽势，消灭种子上携带的病菌，促种子出苗整齐。

51. 种子萌发和出苗的条件是什么?

种子能否萌发，萌发的内部生理状态，发芽后幼苗生长的强弱和外部条件有密切关系。生产上由于种种原因，播下去的种子不能完全出苗，造成这种现象的原因有以下几方面：

(1) 温度 一般小麦种子萌发的最低温度为1～2℃，最适温度15～20℃，最高温度30～35℃。在北方冬麦区，如果日平均温度低于3～4℃秋播冬小麦，则当年不能出苗，俗称“土里捂”。一般种子萌动到出苗约需0℃以上积温100℃左右。

(2) 水分 土壤缺墒或过湿，都会影响种子萌发和出苗，最适宜的土壤水分一般为田间最大持水量的60%～70%，沙土约相当于15%的含水量，壤土为17%，黏土为20%。在干旱少雨地区，土壤水分不足是影响种子萌发出苗的主要原因。

(3) 空气 种子萌发需要足够的氧气。耕作过的麦田，通常土壤中的氧气能够满足种子萌发和出苗的需要，但在地表板结或在土壤湿度过大时，往往因缺氧而影响种子萌发。因此，播后遇雨，在土壤过湿板结或黏重的情况下，要求采取松土通气措施。

52. 小麦一生的耗水量是多少？

小麦耗水量又叫田间耗水量。是指小麦从播种到收获的整个生育期，对水分的耗用量。小麦通过根系从土壤中吸收水分，除部分用于制造有机物质，建造成器官和维持生理活动外，大部分通过叶面蒸腾散发。小麦一生的耗水量一般为每亩260～400米^3。

53. 北方冬小麦合理密植的原则是什么？

合理密植，主要包括三方面内容：一是确定合理的基本苗；二是因地制宜地采取适宜的播种方式；三是在各个生育时期都要具有合理的群体结构。无论什么生产水平，都要有与其条件相适应的群体结构。穗数是产量构成因素的基础，基本苗又是穗数的基础。所以，因地制宜地确定适宜的播种方式与基本苗数，是合理密植的关键。

(1) 根据地力和生产条件调整密度 随着地力由薄向肥、再向

高肥发展的情况下，小麦的适宜播种量，也相应地出现由少到多，再适当减少的变化。由于各地生产条件不同，小麦单株分布和分蘖成穗率有较大差异。土壤地力较差的麦田，一般单株分蘖力较弱、成穗率较低，麦田密度较稀，随着生产条件改善，宜适当增加基本苗和穗数，以主茎成穗为主，争取部分分蘖成穗。土壤肥力较高的情况下，实现小麦高产，可依生产条件采取早播减少基本苗，提高分蘖成穗率，以分蘖成穗为主。以主茎和分蘖成穗并重实现高产的，可采取中量播种。现在一年两熟制的小麦两晚栽培，推广的是采取大播量适当晚播，以主茎成穗为主，达到高产。

（2）根据品种特性和播种期调整密度 适期或偏早播的冬小麦品种，分蘖较多，基本苗可少些；春性小麦品种，分蘖少，基本苗应多些。

（3）根据苗情发展调整群体 首先确定适宜的播种量，达到合理的基本苗数，并根据苗情的发展和各阶段群体指标，调整群体沿着较合理的动态发展。

（4）根据地力调整群体 近几年随着各地土壤肥力增加，施肥水平提高，适期播种的小麦可适当减少基本苗数，促分蘖，争取大穗粒多实现高产。一般适期播种的冬小麦，亩基本苗20万～22万，中上等地力以18万～20万较为适宜，高地力在15万～16万为宜，亩成穗在40万～45万，单株穗粒数30，实现亩产500～600千克。

54. 怎样浇好小麦封冻水？

适时浇好小麦封冻水能预防春季干旱、平抑地温，增强小麦抗寒能力，有利于麦苗安全越冬。但在浇封冻水时，应掌握好以下三点：

一是浇封冻水的温度，要掌握在日平均气温3～5℃时进行。如果浇封冻水过早，气温高，蒸发量大，不仅起不到蓄水、增墒的作用，还会引起麦苗徒长，降低麦苗抗冻能力。如果浇冻水过晚，气温偏低，土壤冻结，水分不能下渗，使麦苗受冻。群众经验是“早浇不徒长，晚浇不结冰”。

二是土壤含水量低于田间最大持水量的70%时才宜浇水，如果高于80%时，可不灌或晚灌。不论何时浇冬水，都要浇后及时松土保墒防寒。

三是在具体灌溉时应掌握弱苗宜早、旺苗宜晚、壮苗适时，对没有分蘖的“独根苗”不宜冬灌。

三、玉米生产实用技术

1. 如何选择玉米优良品种？

玉米品种多，生产区域广，栽培制度各异，各地在选用良种时，应注意以下几个原则：①根据栽培制度来确定适宜的良种。按其播期不同可分为春播、套种和夏播3个主要的生育类型。②选用抗病品种。为了保证玉米高产稳产，选育和推广抗病品种，尤其是抗大、小斑病的品种，是生产上迫切需要解决的问题。③选用良种必须因地制宜。不同的品种或杂交种，对肥水的反应、抗旱、耐涝、抗病性、区域适应性、产量水平及品质等都有差异。选用良种时，必须根据品种特点与适应范围，做到因地制宜，良种良法配套，才能获得丰产。

2. 如何划分早、中、晚熟玉米品种？

生育期通常指出苗至成熟经历的天数。生育期的长短与品种特性、生态环境和播种期的早晚有密切的关系。

按我国生态区域不同，可划分为春播玉米区和夏播玉米区。但不论哪个生态区都有早、中、晚熟品种之分。

早、中、晚熟品种生育期的长短主要取决于营养生长期的长短和灌浆期的长短，生殖生长的时间基本是一定的，营养生长期长或灌浆的时间长，生育期则长；营养生长期短或灌浆的时间短，生育期则短。因此早、中、晚熟品种的划分标准是由生育期长短，即生长、发育的天数决定的。

春播：早熟品种生育期为 70～100 天，中熟品种生育期为 100～120 天，晚熟品种生育期为 120～150 天。

夏播：早熟品种生育期为 70～80 天，中熟品种生育期为 80～96 天，晚熟品种生育期为 96 天以上。

因此，应根据生育期的长短选择适合当地的品种。

3. 玉米种子为什么要包衣，包衣的种子有哪些好处？

随着种子产业、种子工程和农业产业化的发展，商品种子包衣比例越来越大。种子包衣和精包装是农业生产集约化的需要，是种子产业发展的必然结果。

种子包衣的好处：

①防虫作用。可防止地下害虫和蝼蛄、金针虫等，确保成苗率。

②防病、杀菌作用。对玉米的病虫害有一定的防治作用。

③提高种子发芽势。种子包衣可激活种子发芽酶的活性，促进种子发芽势的提高，使种子出苗整齐一致。

④如果遇到低温、高湿、春旱等情况，包衣可延长种子在土壤中坏种的时间，防止粉种、烂种现象发生。

4. 玉米播前为什么要选种？

为了充分发挥优良种子的增产作用，在播种前必须要选籽粒饱满、大小一致、发芽率高、无杂质、无病虫害的种子做种，以保证全苗、生长一致，为夺取高产打基础。

5. 玉米播种前为什么要晒种？

晒种能促进种子后熟，降低含水量，增强种子的生活力和发芽力。经晒种后，出苗率可提高 13%～28%，提早出苗 1～2 天，并

且能减轻玉米丝黑穗病的危害。方法是选晴天把种子摊在干燥向阳的地上或席上，连续晒2～3天，并要经常翻动种子，晒匀、晒到。

6. 玉米浸种的好处及应注意什么事项?

浸种可增强种子的新陈代谢作用，提高种子生活力，促进种子吸水萌动，提高发芽势和发芽率，并使种子出苗快、出苗齐，对玉米苗全、苗壮和提高产量均有良好作用。

籽粒饱满的硬粒型的玉米种子，浸种时间可长一些，反之则短些。一般冷水浸种12～24小时，浸过的种子不要让太阳晒。天气干旱，土壤干燥一般不宜浸种。因为浸过的种子胚芽已经萌动，播在干土中容易造成“回芽”不能出苗，招致损失。

7. 玉米栽培经过哪几个发育阶段?

玉米栽培主要经过3个发育阶段，即：苗期（出苗—拔节）、穗期（拔节—抽雄）、花粒期（抽雄—成熟）。

（1）苗期阶段（出苗—拔节）　该阶段的生育特点是：根系发育比较快，至拔节期已基本上形成了强大的根系，但地上部茎叶生长比较缓慢。

（2）穗期阶段（拔节—抽雄）　该阶段的生育特点是：营养生长和生殖生长同时并进，即叶片增大、茎节伸长等营养器官旺盛生长和雌雄穗等生殖器官强烈分化与形成的阶段。

（3）花粒期阶段（抽雄—成熟）　该阶段的生育特点是：基本上停止营养体的增长，而进入以生殖生长为中心的时期，也就是经过开花、受精进入籽粒产量形成为中心的阶段。

8. 玉米有哪几个生育时期?

玉米从播种至新种子成熟的整个生长发育过程中，由于本身量变和质变的结果和环境变化的影响，使其在外部形态和内部构造等方面发生阶段性的变化，这些阶段性的变化，即称为生育时期。玉米的生育时期分出苗、拔节、抽雄、开花、吐丝、成熟期。

（1）出苗　播种后种子发芽出土高约2厘米，称为出苗。

（2）拔节　当雄穗分化到伸长期，靠近地面用手能摸到茎节，茎节总长度2～3厘米时，称为拔节。

（3）抽雄　当玉米雄穗尖端从顶叶抽出时，称为抽雄。

（4）开花　植株雄穗开始开花散粉，称为开花。

（5）吐丝　雌穗花丝开始露出苞叶，称为吐丝。

（6）成熟　玉米苞叶变黄而松散，籽粒剥掉尖冠出现黑层（达到生理成熟的特征），籽粒经过干燥脱水变硬呈现显著的品种特点，称为成熟。

9. 玉米各生育阶段的田间管理中心任务是什么？

（1）苗期阶段（出苗—拔节）　田间管理的中心任务就是促进根系发育，培育壮苗，达到苗早、苗足、苗齐、苗壮的“四苗”要求，为玉米丰产打好基础。

（2）穗期阶段（拔节—抽雄）　田间管理的中心任务是促叶、壮秆、穗多、穗大。具体地说，就是促进中上部叶片增大，茎秆粗壮敦实，以达到穗多、穗大的丰产长相。是田间管理最关键的时期。

（3）花粒期阶段（抽雄—成熟）　田间管理的中心任务是保护叶片不损伤、不早衰，争取粒多、粒重，达到丰产。

10. 玉米苗期管理的要点是什么？

玉米展开6～7片叶期为苗期。这期间管理的要点是：争取苗全、苗壮、苗齐，这是夺取高产的基础。苗期管理除适时追肥外，还要抓好以下工作：①查苗补种，移苗补栽。②适时间苗、定苗。

③中耕。④蹲苗促壮。⑤防治地下害虫。

11. 玉米穗期管理的要点是什么?

根据玉米穗期是营养生长和生殖生长同时并进的旺盛生长时期的生育特点，合理分配水肥，以促进生殖生长，并适当控制营养生长；同时还要促使植株中、上部叶片生长良好，使玉米植株生长敦实粗壮，基部节间短，节间断面椭圆形，叶片宽厚，叶色深绿，叶挺有力，根系发达，达到壮株的丰产长相。为此，穗期的田间管理中心任务是攻秆、攻穗，严防缺水，避免“卡脖旱”和涝害。具体措施除适期追肥、灌水外，还应抓好以下工作：①中耕培土。②去除分蘖。③防治玉米螟。

12. 花粒期管理的要点是什么?

根据花粒期营养生长逐渐停止而转入以生殖生长为中心的生育特点，田间管理的中心任务是为授粉结实创造良好的环境条件，提高光合效率，延长根和叶的生理活动，防早衰，提高粒重。具体措施除增施攻粒肥和勤浇攻粒水外，还应抓好以下工作：①后期中耕；②人工去雄和辅助授粉；③继续防治玉米螟；④适时收获。

13. 玉米合理密植的原则是什么?

玉米合理密植应掌握以下原则：

(1) 不同品种有不同的密度要求 植株高大，叶片数多、叶片较平展，群体透光性差的品种一般耐密性差，种植密度不宜过高，每亩以3 000～3 500株为宜。植株较矮，叶片上冲，株型紧凑，群体透光性好的品种或茎秆坚韧，根系发达的品种耐密性强，每亩可种植4 500～5 000株。一些株型紧凑但抗倒性稍差的品种适宜密度为 4 000～4 500 株/亩。

（2）肥地宜密，瘦地宜稀 在土壤肥力基础较低，施肥量较少，亩产 500 千克以下的地块，种植密度不宜太高，应取品种适宜密度范围的下限值；在肥地、施肥量又多的高产田，采用抗倒、抗病性强的品种，并且要取其适宜密度范围的上限值。中等肥力的宜取品种适宜密度范围的中限值。

（3）阳坡地和沙壤土宜密，低洼地和重黏土宜稀 阳坡地，由于通风透光条件好，种植密度宜高一些；土壤透气性好的沙土或沙壤土宜种得密些，低洼地通风差，黏土透气性差，宜种得稀一些，一般每亩可相差 300～500 株。

（4）精细管理的宜密，粗放管理的宜稀 在精播细管条件下，种植宜密，因为精细栽培可以提高玉米群体的整齐度，减少以强欺弱、以大压小的情况发生。在粗放栽培的情况下，种植密度以偏稀为好。

14. 如何确定春玉米适宜播种期?

春玉米的适宜播种期主要根据温度、土壤墒情和品种特性来确定。

（1）温度 在一定温度范围内，温度越高，发芽出苗就越快，反之就慢。生产上，华北地区通常以土壤表层 5～10 厘米深处温度稳定在 10～12℃时播种。东北地区以 8～10℃开始播种为宜。

（2）土壤墒情 播种深度的土壤水分达到田间持水量的60％～70％，才能满足玉米种子发芽出苗的需要。因此，各地秋冬浇好底墒水，春季做好保墒工作，是保证春玉米发芽出苗的重要措施。

（3）品种特性 玉米品种很多，各有适应不同气候条件的特性。品种特性不同，各有其适宜的播种期。

15. 春玉米为什么适时早播增产?

（1）适时早播可以延长玉米生长期，积累更多的营养物质，满

足雌雄穗分化及籽粒形成的需要，促进果穗充分发育，种子充实饱满，提高产量。

（2）可以减轻病虫危害 对玉米增产影响严重的害虫，苗期有地老虎、蝼蛄、金针虫、蛴螬等，造成玉米缺株；中后期有玉米螟危害茎叶和雌雄穗，招致减产。适时早播可以在地下害虫发生以前发芽出苗，至虫害严重时，苗已长大，增强抵抗力，减轻苗期虫害；同时，还可以避过或减轻中后期玉米螟危害。春玉米适时早播还能够有效地减轻病害。

（3）可以增强抗倒伏能力 春玉米适时早播，茎组织生长坚实，节间短粗，植株较矮，增强抗旱、耐涝和抗倒伏能力。

（4）可以避过不良气候的影响 “春种晚一天，秋收晚十天”，晚熟与遭受霜害，使籽粒不能充分成熟而降低产量和品质。

16. 夏玉米为什么要抢时早播？

早播是夏玉米夺取高产的关键措施。群众有“夏播无早，越早越好”的经验。早播之所以增产，除早播可以延长生育期，减轻或防止小斑、花叶、条纹等病害外，还可以减轻或避免“芽涝”的危害。早播采取麦田套种、育苗移栽和抢茬播种等方式，充分利用有利气候条件，克服不利因素，是夺取夏玉米高产稳产的有效措施。

17. 夏玉米如何做到一次播种保全苗？

（1）购买和选用优质种子。发芽率和发芽势两项指标对玉米苗全、苗齐、苗壮起重要作用。发芽率≥95％的优质种子，几乎可以达到一粒种子一棵苗。

（2）适宜的底墒，是保障一次播种拿全苗的基础。

（3）播种方法和播种质量至为关键。播种方法很多，但一定要将种子播在湿土层上，覆土深度5～6厘米为宜，播后要压实，以减少失墒。

（4）种子包衣处理，可防治病虫害，还可以促进生根，对苗全、苗齐、苗壮具有辅助作用。

（5）为了抢时间早播种，在干旱年份可以先播种，后浇水。

（6）播种后要进行适当镇压，把播种沟上土块弄碎、弄平，利于达到苗全、苗齐。

18. 玉米播种深度以多少为宜？

播种深度要适宜，深浅一致，才能保证苗齐、苗全、苗壮。适宜的播种深度，是根据土质、墒情和种子大小而定，一般以5～6厘米为宜。如果土壤黏重、墒情好时，应适当浅些，一般4～5厘米；土壤质地疏松，易于干燥的沙质土壤，应播种深些，可增加到6～8厘米，但最深以不超过10厘米为宜。

19. 玉米什么时期间苗最适宜？

玉米间苗要早，一般在3～4片叶时进行。这是因为玉米初生根对土壤通气、营养和水分有一定的要求。间苗过晚，由于植株拥挤，互相遮光，互争养分和水分，初生根生长不良，从而影响到地上部的生长，故间苗应早，特别是在旱地穴播及播量增大时，更应如此。间苗时应做到间小苗留大苗、间弱留壮、间病留健、间密留疏，最好是在晴天下午进行。

20. 怎样的温度条件最适合玉米种子萌动发芽？

玉米种子一般在6～7℃即开始发芽，但发芽极为缓慢，容易受到土壤中有害微生物的侵染而霉烂。10～12℃发芽较为适宜，25～35℃发芽最快。为了做到既早播不误农时，又避免因过早播种引起烂种缺苗，一般生产上通常把土壤表层5～10厘米温度稳定在

10～12℃时，作为春玉米播种的适宜时期。

玉米出苗的快慢，在适宜的土壤水分和通气良好的情况下，主要受温度的影响较大。据研究，一般在10～12℃时，播种后18～20天出苗；在15～18℃时，8～10天出苗；在20℃时，5～6天就可以出苗。

21. 玉米种子萌发对水分有什么要求？

玉米种子萌发需要吸收占自身干重48%～50%的水分，才能膨胀发芽。土壤过于干旱即使能够发芽，也因顶土能力弱而造成严重缺苗。如果土壤水分过多，通气不良，种子容易霉烂也会造成缺苗，在低温情况下更为严重。因此，播种时，耕层土壤必须保持在田间持水量的60%～70%，才能保证出苗良好。

22. 玉米定苗的适宜时期如何确定？

当苗龄达到5～6片叶时，应进行定苗。定苗时应留下壮苗。定苗时间宜早，但在虫害发生较重的地块，应增加间苗次数，适当延迟定苗时间，但最迟不宜超过6片叶。夏玉米苗期处在高温条件下，幼苗生长快，3～4片叶时一次定苗，以减少苗多争光争养分的矛盾，有利培育壮苗。苗荒重于草荒，这说明夏玉米早定苗的重要性。定苗最好在晴天进行，因为受病虫危害或生长不良的幼苗，在阳光照射下，常发生萎蔫，易于识别，有利于去弱留壮。

23. 玉米灌浆期对温度的要求怎样？

玉米籽粒形成和灌浆期间，仍然要求有较高的温度，以促进同化作用。在籽粒乳熟以后，要求温度逐渐降低，有利于营养物质向籽粒运转和积累。在籽粒灌浆、成熟这段时期，要求日平均温度保持在20～24℃，如温度低于16℃或超过25℃，会影响淀粉酶的活性，使养分的运转和积累不能正常进行，造成结实不饱满。玉米有时还发生“高温迫熟”现象，就是当玉米进入灌浆期后，遭受高温影响，营养物质运转和积累受到阻碍，籽粒迅速失水，未进入完熟期就被迫停止成熟，以致籽粒皱缩不饱满，千粒重降低，严重影响产量。

24. 玉米对氮、磷、钾的需要量及吸收规律是什么？

玉米的一生需要从土壤中吸收矿质营养元素，其中以氮素最多，钾次之，磷居第三位。春玉米每生产 100 千克籽粒需从土壤中吸收纯氮（N）2.86 千克，磷（P_2O_5）1.14 千克，钾（K_2O）2.63 千克。夏玉米每生产 100 千克籽粒需从土壤中吸收纯氮 2.3 千克，磷 1.1 千克，钾 2.1 千克。

玉米苗期植株尚小，以长根为主，吸收氮肥只占一生需氮量的 2.17%，拔节期对氮素的吸收量占氮吸收量的 32%，抽雄至成熟期占 64.45%。玉米苗期到拔节期对磷的吸收占总量 46%，抽雄至成熟占 54%，中期磷不足果穗减少，易造成减产。玉米苗期至抽雄期吸收钾的总量为 72%，钾能增强植株抗倒、抗病力。

25. 玉米为什么需要微肥？

微肥具有氧化酶和催化剂的作用，对作物的光合、呼吸以及硝化还原起很大作用，能促进玉米植株生长，根系发达，叶片浓绿，提高结实率，增加产量。

26. 玉米苗为什么发黄及怎样防止？

玉米苗发黄原因：土壤中的水分增多，土壤中的空气相对减少，板结、通气不良，使土壤中的好气性微生物活动受到抑制，影响土壤中养分分解，降低根的呼吸作用，根系生长受阻碍，玉米叶片就会出现发黄现象。

防止措施：若雨水过多形成积水，必须及时挖沟排水，并适当中耕松土、追肥，增加土壤通气性，使根系恢复生长，减少或防止玉米发黄。

27. 玉米苗期中耕、松土有什么好处？

苗期中耕可疏松土壤。除草，保持土壤通气性，提高土温，促进根系生长深扎，有利于微生物活动，促进有机肥料的分解，从而改善幼苗期营养条件，增强植株的抗旱、抗倒能力。

28. 为什么玉米去雄能增产？

玉米植株内的养分分配：首先满足生长点的需要，然后再供给其他部位，即所谓“顶端优势”。因此，玉米抽雄时绝大部分养分首先满足雄穗的抽出，只有少部分转送到雌穗，如果营养不足，雌穗抽不出来，形成空秆。所以，去雄可促进养分向雌穗转运，可以集中营养物质供应果穗，果穗发育快，吐丝早而整齐，有利于授粉受精，增加粒数和粒重，一般可增产8%～10%。

29. 玉米什么时候去雄适宜？

当雄穗从顶叶抽出1/3～1/2而尚未散粉前，及时把一部分（全田总株的1/3）雄花拔除，最好将先抽雄的植株或弱株、虫株的雄花去掉。去雄时间最好在晴天下午进行。去雄时切忌损伤顶端叶片，阴雨连绵不宜去雄。

30. 什么是棒三叶？其在生产上有什么意义？

棒三叶是指穗所在一片叶、穗上一片叶和穗下一片叶。

在灌浆期棒三叶供给的营养占75%，其他叶片供给的营养只占25%左右。因此，在生产上不能破坏棒三叶，大喇叭口期要加强肥水管理，充分发挥棒三叶的生理作用。

31. 为什么玉米抽雄开花期遇高温、干旱会减产?

玉米在生长发育过程中最忌渍水，又怕干旱，但各生育期需水量不同，苗期需水占总水量17%；拔节至抽雄需水量最多，占45%；蜡熟期占5%。所以，抽雄开花期遇高温、干旱缺水，易造成“卡脖旱”，影响雌穗发育，花期不协调，授粉不良，秃顶缺粒严重，籽粒不饱满、品质差、产量低，甚至空苞失收。

32. 玉米成熟的标准是什么?

玉米成熟期分籽粒形成期、乳熟期、蜡熟期和完熟期四个时期，完熟期籽粒产量最高。玉米完熟期有三个标准可以判断：一是玉米苞叶变白，苞叶上口松散；二是通过乳线消失判断成熟，把玉米果穗剥开，从中间掰断，可以看到籽粒中间有一条黄白色的交界线，这就是乳线，如果能够看到乳线，表明玉米正处在蜡熟期，待看不到这条乳线后，玉米完全成熟；三是通过籽粒黑层出现判断成熟，把玉米籽粒脱下后，再将籽粒底部的花梗去掉，如果可以看到一层黑色，则表明玉米已经成熟，这层黑色就叫黑层。

33. 为什么说玉米收早要减产10%?

据调查，多数地方目前收获玉米的时期是在蜡熟期，距玉米成熟还有10～15天的时间。研究表明，一般中熟品种，在蜡熟至完熟期，每增加1天，千粒重可增加3～4克，亩增产6～8千克，晚收7天，使籽粒灌浆期延长到48天以上，亩增产可达35千克以上。而目前多数地方收获要早10天左右，因此造成减产10%。

34. 晚播夏玉米如何促早熟？

(1) 浅中耕 此法适宜中晚播早熟品种的玉米，可使玉米提早5天左右成熟。浅锄应在灌浆后进行，深度不超过6厘米，尽量少伤根系和叶片。

(2) 喷乙烯利 玉米抽穗时，亩用50克乙烯利兑水10千克进行喷施，可使株高降低，秃顶减少，对促早熟有一定作用。

(3) 去无效穗 此法适合单穗品种，玉米植株上部第一果穗发育快，吐丝早，易受精结实，而下部第二、三果穗若发育迟，吐丝晚，不易受精结实，除去既可节约养分攻大穗，又可促进早熟。

(4) 扒皮晒粒 晚熟地块此法可促早熟1周以上，且增产5%～10%。方法是：在玉米蜡熟中期籽粒表层有硬壳时，将苞叶轻轻扒开，籽粒全部裸露，让阳光直晒。但正常成熟或活株成熟的品种，不宜扒皮。

(5) 削除株梢 即将果穗以上植株顶梢削除部分。削顶对产量有一定的影响，削顶越早减产越大，这是因为灌浆养分主要靠这些叶片提供。因而削顶不可早于蜡熟初期，而且果穗以上应留2～3片大叶。

(6) 带青收获 在玉米蜡熟末期，将其秆带穗砍倒，逆向竖起，堆积一段时间，使茎秆里的养分输送到籽粒中去，增加粒重。这种方法应去掉顶尖，只留果穗和下部茎秆。这样在不减产的前提下，收获期可提前到蜡熟末期。

35. 夏玉米免耕直播有哪些技术环节？

夏玉米免耕直播技术是指在收获小麦后，不经过耕地和整地，而直接在麦茬地上播种玉米的种植技术，农民习惯上称之为“铁茬播种”或“贴茬播种”技术。该技术主要适于在小麦—玉米两熟区夏玉米生产上推广应用。

夏玉米免耕直播包括以下几个技术环节：一是小麦秸秆处理：小麦收割要尽可能选用装有秸秆切碎和抛撒装置的收割机，或在玉米播种时选用带有灭茬装置的玉米免耕播种机，一次性完成秸秆粉碎、灭茬和玉米播种等多项作业。秸秆的粉碎长度不宜超过10厘米，麦秸抛撒要均匀。二是要抢时早播：特别是在光热资源不足的地区，由于夏玉米生长时间较短，应在收获小麦后尽早播种。三是要提高播种质量：由于小麦收获后土壤表面较干、较硬，另外由于麦秸和麦茬的影响，给播种作业带来一定难度。因此，提高播种质量成为夏玉米免耕直播技术的关键。四是施用种肥：由于免耕播种机一般都带有施肥装置，可在播种的同时每亩施用30千克左右的氮、磷、钾复合肥。五是浇好"蒙头水"：为提早播种，一般在收获小麦后先播种夏玉米，然后再浇"蒙头水"，"蒙头水"要保证浇好、浇足。

36. 夏玉米免耕直播技术有什么优点？

夏玉米免耕直播技术主要有以下几个方面的优点：一是减少农耗时间、争取农时，特别是在热量资源不足的地区，免耕直播可以有效延长夏玉米生长时间。二是有利于提高播种质量和幼苗整齐度。机械播种可使播种深浅和覆土一致，幼苗出苗整齐。三是有利于机械化作业，提高劳动效率。四是秸秆还田可提高土壤肥力。五是麦秸和残茬覆盖可减少土壤水分蒸发。六是减少耕整作业，有利于保护环境。减少耕整地作业可减轻土壤风蚀影响，秸秆还田可减轻因秸秆焚烧而引起的环境污染。七是在播种的同时可施用少量种肥，利于提高幼苗素质。八是在容易发生芽涝的地区，提早播种可避开或减轻芽涝的危害。

37. 玉米地膜种植有什么好处？

（1）可以保温防寒，一般可以提高表土层温度2～3℃，防止

烂种。

（2）提早播种10天左右，提早成熟便于抢季节。

（3）可减少土壤水分的蒸发达到保温防旱。

（4）可以防止雨水冲刷，保土。

（5）保肥防渗漏。

（6）防鸟、防鼠、防虫危害，保证全苗。

（7）增产幅度大。

38. 地膜玉米播种应注意哪些事项？

（1）开沟浅播薄盖。地膜玉米的播种应开沟进行，防止盖土过厚、过薄。

（2）避免种子与肥料接触。地膜玉米用基肥量大，化肥也较多，且集中施用，播种时与肥料应保持一定距离，以免造成烧芽烧苗。

（3）及时盖膜，做到播多少盖多少，防止久播不盖而水分蒸发。

39. 玉米秸秆直接还田必须注意什么？

（1）尽早翻耕　机械收获玉米，秸秆粉碎后被均匀撒在田地之中，此时要尽快将秸秆翻耕入土，最好是边收边耕埋。这样一方面可以让秸秆尽快翻入土壤，加快秸秆分解的速度，对于一年两季的地块可减少因秸秆隔离土壤造成下茬作物落干而死，影响出苗率；另一方面尽早翻耕还可以避免秸秆损失。粉碎后的秸秆未能及时翻入土壤，干燥后容易被风吹跑；秸秆扎堆还影响耕地，造成下茬作物出苗困难。

（2）足墒还田　秸秆分解依靠的是土壤中的微生物，而微生物生存繁殖要有合适的土壤墒情。若土壤过干，会严重影响土壤微生物的繁殖，减缓秸秆分解的速度。

（3）补充氮肥　秸秆还田后，土壤微生物在分解作物秸秆时需要从土壤中吸收大量的氮，才能完成腐化分解过程。如不增施化学氮肥，微生物必然会出现与下茬作物幼苗争夺土壤中氮素的现象，从而影响幼苗正常生长。所以，要按每100千克玉米秸秆加10千克碳酸氢铵的比例进行补肥，这样，可以避免下茬作物苗期缺氮发黄。

（4）防病虫害传播　玉米秸秆还田时要选用生长良好的秸秆，不要把有病虫害的玉米秸秆还田，如玉米黑穗病及玉米大、小斑病等，不能直接用来翻埋还田，最好将带病菌秸秆运出田外处理，彻底切断污染源，以免病虫害蔓延和传播。

玉米秸秆还田量每亩控制到500千克左右，粉碎长度应小于10厘米。在玉米收获后，秸秆呈绿色时及时粉碎、及时深翻并撒施10千克左右尿素。如果土壤墒情较差，应及时灌水。

40. 玉米多穗（无效穗）的形成原因是什么？

近几年玉米生产上多穗（无效穗）现象频繁发生，不同年份、不同地区、不同品种发生程度不同；同一地区、不同品种发生程度也不同，给玉米生产造成不同程度的损失。玉米多穗（无效穗）有遗传因素，还有以下几方面原因。

（1）从玉米的生长发育规律看，雌穗又称果穗，为幼穗花序。玉米除茎秆上部5节外，下部每个节的叶腋处都有一腋芽即雌穗的原始体，如果外界条件具备都有形成果穗的可能，但春玉米一般只有上部第六～八节的腋芽能发育成果穗。

（2）穗发育阶段，大肥、大水是玉米形成多穗现象的原因之一。在玉米拔节后的雌穗发育阶段，如果肥水充足，过多的营养物质植株无法消耗，就有形成多穗的可能。此时如果发现多穗，应把多余的果穗掰掉，只保留1～2个果穗为宜。

（3）花期遇到阴雨连绵，雌穗花丝吐丝不畅或雄穗不能正常开花散粉，影响授粉、受精，导致果穗不能成穗。因此，多余的营养

供给下一个果穗发育，如果第二个果穗仍然不能正常授粉，营养又供给下一个果穗发育，即使后期果穗能发育，田间也无花粉，因此都不能结实，从而形成了多穗现象。

（4）不同品种适应区域不同，要求的栽培条件也不同，不能搞一刀切。因此，要因地制宜，根据品种的特征、特性选择品种，确定合理的栽培措施。

41. 玉米空秆的原因是什么？

空秆是指玉米植株未形成雌穗，或有雌穗不结籽粒。玉米空秆的发生，除遗传原因外，与果穗发育时期、玉米体内缺乏碳水化合物等有机营养有关。因为形成雌穗所需的养分，大部分是通过光合作用合成的，当光照强度减弱，光合作用受到影响，合成的有机养分少，雌穗发育迟缓或停止发育，空秆增多。空秆的发生，是由于水肥不足、弱晚苗、病虫害、密度过大等造成的。这些情况直接或间接影响玉米体内营养物质的积累转化和分配而形成空秆。

42. 怎样防止玉米空秆、倒伏？

空秆和倒伏是影响玉米产量的两个重要因素。根据其发生原因，主要防止途径如下：

（1）合理密植 玉米合理密植可充分利用光能和地力，群体内通风透光良好，是减少玉米空秆、倒伏的主要措施。

（2）合理供应肥水 适时适量地供应肥水，使雌穗的分化和发育获得充足的营养，并施足氮肥，配合磷、钾肥。

（3）因地制宜，选用良种 选用适合当地自然条件和栽培条件的杂交种和优良品种。

此外，要加强田间管理，控大苗、促小苗，使苗整齐健壮，以及防治病虫害、进行人工授粉，也有减少空秆和防止倒伏的作用。

43. 玉米倒伏后有什么挽救措施？

玉米在生育期间，遇到难以控制的暴风袭击，引起倒伏，为了减轻损失必须进行挽救。

抽雄前后倒伏，植株互相压盖，难以自然恢复直立，应在倒伏后及时扶起，以减少损失。但扶起必须及时，并要边扶、边培土、边追肥。如在拔节后倒伏，自身有恢复直立能力，不必人工扶起。

44. 玉米发生"香蕉穗"的原因是什么？

（1）遗传因素 不同品种腋芽发育进程不同，有的品种在适宜条件下多个腋芽同步分化发育易形成"香蕉穗"。如一些糯玉米及甜玉米品种，往往每株可以有2～3个果穗，甚至更多，但是每个雌穗的结实数少。有的品种第一个腋芽分化发育优势明显，从而抑制下一节果穗发育进程，不会形成"香蕉穗"，如一些常见的杂交玉米品种。

（2）天气原因 玉米开花的最适温度为25～28℃，低于18℃或者高于38℃，雌穗便不能开花。高温干旱会缩短雄穗散粉时间，降低花粉和花丝的生活力，影响受精。空气相对湿度为60%～90%，对雌穗开花有利。低于60%，开花数目明显减少；湿度过大，花粉黏结成团，容易吸水膨胀，失去生活力。

①高温。在玉米抽雄散粉期，如遇高温，花粉粒迅速失水死亡，第一雌穗受精率低，生长受到抑制。由于玉米具有顶端生长优势，第一雌穗生长受到抑制后，在后期肥水条件好的情况下，下面叶腋的潜伏腋芽开始发育，剩余的养分便向其他果穗输送，形成多穗现象，但是基本不结实或者结实很少。这种现象在生育期长的品种上表现尤为明显。

②高温干旱造成的"雌雄不遇"。玉米大喇叭口期至抽雄期是需水临界期，此时缺水影响雌穗的穗粒数和雄穗的花粉量，严重造

成花期不调，雄穗不能及时抽出，形成“卡脖子”旱；或者雄穗能够抽出散粉，但由于雌穗对水分要求更高，高温干旱，雌穗发育相对滞后，不能及时吐丝，造成雄穗先散粉，散粉结束后，雌穗才开始吐丝，由于田间没有花粉，雌穗便不能正常受精，形成“花期不遇”，造成一株多穗的现象。

③极端的阴雨寡照天气会造成“香蕉穗”的出现。主要因为雄穗不散粉或散粉后，雌穗花丝有雨水而导致花粉粒吸水膨胀破裂死亡，无法受精，导致空穗无籽，或者授粉率很低。过剩的营养物质又重新分配到下一节果穗，导致多穗现象的发生。这种现象在夏玉米中较多见。

（3）病虫危害也是导致玉米长“香蕉穗”的原因之一。玉米穗分化期遇到玉米螟、蚜虫及玉米叶斑病等危害，也会影响玉米果穗的正常形成。如玉米幼穗被玉米螟蛀食，在肥水条件好的情况下，玉米雌穗苞叶内又分化出新的雌穗，形成“香蕉穗”。

（4）栽培措施失当助推玉米“香蕉穗”的发生。一是播期过早，穗分化期遇到低温；二是密度过大，田间郁闭；三是肥水偏大。在玉米雌穗发育阶段，水肥供给太足，促使多个雌穗花序发育成熟而形成多穗。

45. 预防玉米长“香蕉穗”有什么措施？

（1）适期播种，避开穗分化期低温天气 实践证明，冀东地区春玉米适宜播期为5月中旬，既可以避开穗分化期低温和春季干旱等异常气候，又有利于后期灌浆。

（2）合理密植，防止过密 玉米是异花授粉作物，主要靠风力传粉。合理密植有利于通风透光，提高光能利用率，促进个体充分发育，减少多穗发生。不同玉米品种要求密度不一，应按品种标签密度要求执行。

（3）科学施肥 实施测土配方施肥，提倡分期追肥，避免苗期施肥过多，适当增施钾肥。追施氮肥，要本着“前轻后重”的原则进行分期追肥，拔节期追施总追肥量的30%，大喇叭口期追施到追肥总量的70%。底肥钾肥不足的可适当追施钾肥。

（4）科学排灌 玉米拔节期、大喇叭口期和抽穗扬花期尤其是拔节期遇旱要及时浇水，遇涝及时排水，以保证雌雄穗协调均衡发育，减少多穗发生。

（5）及时防治病虫害，减轻其对玉米的危害 拔节期至孕穗期尤其要注意玉米螟、蓟马、蚜虫、叶斑病等病虫害的防治。

46. 玉米长“香蕉穗”有什么补救措施？

（1）把多余的无效果穗掰掉 一旦发现“香蕉穗”等多穗现象，每株玉米只保留1个发育正常、较大的果穗，其余的要及时掰掉。做到早发现、早去多余雌穗，尽量促使雌穗吐丝与雄穗散粉同步。

（2）人工辅助授粉 出现“香蕉穗”的玉米雌穗吐丝期往往滞后雄穗扬花散粉期，出现花期不遇。在掰去多余雌穗后或者同时，如果本田尚有花粉，雌穗即将吐丝，可将保留的雌穗尖上的苞叶剪去1～2厘米，帮助果穗尽快吐丝，然后待花丝吐出，在本田采粉进行人工辅助授粉；如果本田花粉散尽，可异地采粉进行人工辅助授粉，促进保留的雌穗正常发育。异地采粉应选择刚开始散粉的玉米地块，采粉时间为上午8～9时，人工辅助授粉时间为采粉当天上午8～10时为宜。

（3）加强后期管理，适当晚收 遇旱浇水，遇雨排涝，进行根外追肥，确保玉米正常生长发育。发生“香蕉穗”等多穗的玉米田块，往往成熟期不一致，应根据果穗的成熟度适当晚收获，将产量损失降到最低。

47. 玉米营养过剩有何症状？

植株过度分蘖，下部呈丛生状；徒长，营养生长旺盛；茎秆柔嫩，易倒伏；叶色油绿，生育延迟，组织分化不良，穗小或迟迟不

能抽穗，产量下降；土壤 pH 过高的情况下，剖开茎秆可见节内维管束坏死。

48. 玉米营养过剩有何补救措施?

（1）可在植株一侧 10 厘米处断根，抑制根系对养分的吸收。

（2）喷施植物生长调节剂，如 15%多效唑 50 克兑水 50 千克、25%缩节胺水剂 20～30 毫升兑水 40 千克，在大喇叭口期喷雾，抑制茎秆生长，促进根系发育。

（3）人工去除分蘖。

49. 玉米干旱症状及有何补救措施?

（1）症状 干旱初期植株的上部叶片在中午阳光强烈时沿叶脉纵向卷起，并呈暗绿色，清晨可恢复正常状态；严重时下部叶片从叶尖至叶缘细弱，生长发育停滞，甚至整株枯死。

（2）补救措施：①浇水施肥；②可在浇水后喷施叶面肥和生长素类物质，恢复长势。

50. 玉米缺氮有何症状?

玉米苗期缺氮时生长缓慢，植株矮小瘦弱，叶色黄绿，生育期延迟，常发生在贫瘠土壤上。成株期缺氮一般在玉米授粉后出现典型症状，即植株从下部叶片开始，由叶尖沿中脉向叶片基部枯黄，枯黄部分呈 V 形，叶缘仍保持绿色而略卷曲，严重时整个叶片枯死。

51. 玉米缺磷有何症状?

苗期最易缺磷，下部叶片从叶尖、叶缘开始出现紫红色，严重时整个叶片呈紫红色，叶缘卷曲，叶尖枯死，生长缓慢。成株期缺磷，花丝延迟抽出，结实不良，籽粒行列歪曲不齐，果穗弯曲畸形，秃尖严重。

52. 玉米缺钾有何症状？

苗期缺钾生长缓慢，植株矮小，嫩叶呈黄色或褐色。严重缺钾时，叶缘或顶端火烧状，呈倒V形。成株期缺钾，叶脉变黄，节间缩短，根系发育弱，易倒伏。果穗小，顶部籽粒发育不良，早衰。

53. 玉米缺镁有何症状？

苗期先从下部叶片叶脉间出现黄白色的条纹，严重时干枯死亡。成株期植株上层叶片上有黄色褪绿斑点；中层叶片呈明显的黄绿相间的条纹；下层老叶端部和叶缘呈紫红色。

54. 玉米缺素症有何防治方法和补救措施？

对症施肥，平衡施肥，加强管理。也可叶面喷施速效肥，加快植株对肥料的吸收，促进发育，降低损失。

55. 玉米涝渍的症状及有何补救措施？

（1）症状　发生在土壤湿度过大或被水淹过的田块。植株叶片整体偏黄，茎叶生长受阻，叶片窄小；严重时下部叶片从叶缘、叶尖开始变黄枯死，并逐渐向上部叶片发展；植株矮小；生育期延迟，或雌雄蕊不能抽出；根系细弱腐烂；结实不良，籽粒干瘪，造成减产。

（2）补救措施　①排水。尽快开沟排除积水；对植株可扒土晾根，加速水分蒸发，待1～2天后再覆土。②追施肥料。喷施叶面

肥和生长素类物质，促长新根，恢复植株正常生长。

56. 玉米冷害和霜害症状及有何补救措施？

（1）症状　一般发生在早春玉米和晚春玉米上，轻微冷害或霜冻后植株叶色加深，叶片逐渐沿边缘变为红色。严重霜冻发生后，植株上部叶片基部呈水渍状不规则斑点，叶尖部位斑点连片；随后受害部位呈灰绿色，很快脱水，最后为灰白色干枯，严重时从顶尖开始萎蔫枯死。

（2）补救措施　采用喷水抗霜、烟雾抗霜等方式，阻止霜害的形成。一旦受害无有效补救措施。

57. 玉米风雹害及有何补救措施？

（1）症状　大风和雹害过后，植株常倒伏、倒折；严重灾情下田间植株叶片呈撕裂状，下披挂在叶脉上；叶尖、叶缘、叶片下披部分呈黄白色，后期变褐色，无清晰边缘。

（2）补救措施　拔节前后倒伏，可以自行恢复，对产量影响不大；抽雄授粉前后倒伏，难以自行直立，必须人工扶起，并培土固根。拔节前受到雹灾，如生长点未受损，可自行恢复正常生长。

58. 玉米肥害有何症状？

播种时施入过量的肥料，一旦遇到干旱或土壤墒情不足时，种子萌发受到抑制，导致根尖、芽梢等部位萎蔫、变褐或腐烂，影响出苗。严重时烂种烂芽，降低出苗率或完全不出苗，整块田出苗慢而不整齐。已出幼苗往往出现萎蔫，叶片灰绿色进而变黄枯死；根系发育不良，常伴褐色腐烂；植株矮化，生长发育受阻，“小老苗”严重时整株死亡。

追施化肥时撒落在叶片上，轻微时形成大小不等的斑点，圆形、近圆形或不规则形，中心白色或灰白色，有黄褐色到褐色狭窄晕圈，中心部位很薄，易破裂，后期斑块上腐生各色霉层，一般不会造成产量损失。若撒施在心叶上，严重时会造成生长点死亡，形成丛生苗或畸形苗。

施用碳酸氢铵等易挥发速效化肥时，覆土较浅、不严或未及时覆土，或在高温下施用，均会导致肥料的挥发，造成叶片受损，损伤一般先从下部叶片开始，出现褪绿失水斑块，随后沿叶脉扩展呈灰绿色条斑，常带有波浪边，和细菌性叶斑类似，后变中心白色枯死斑，严重者叶片干枯，植株生长缓慢，茎基部出现水渍状腐烂，甚至枯死。

59. 玉米肥害有何防治方法?

（1）足墒播种，平衡施肥。

（2）避免种子和肥料在土壤中接触。

（3）追肥时不要漫天撒施，施用易挥发速效化肥后要及时覆土，避免化肥与植株接触。

（4）产生肥害后要及时大水漫灌，必要时可喷生长调节剂。

60. 玉米除草剂药害有何症状?

触杀性除草剂误喷或漂移到玉米植株上，药斑初期为水渍状，不规则或圆形、椭圆形病斑，灰绿色。后期为白色或黄白色，有黄色或褐色边缘，中心变薄，常破损成孔洞。后期病斑上着生各色霉层，和叶斑病易混淆。

内吸性除草剂误喷或漂移到玉米上，初期心叶基部叶脉变红色或浅红色，随后叶片变黄，顶部叶片逐渐萎蔫，有时心叶基部呈水渍状腐烂，整株从心叶开始枯死。

播后苗前除草剂使用不当或前茬作物除草剂对玉米的毒害，常

导致玉米出苗率下降，幼苗畸形，茎叶扭曲，叶片发黄，植株矮缩，过度分蘖，气生根上卷不与土壤接触或变粗，地上部东倒西歪，穗小，苞叶缩短，籽粒外露，甚至植株死亡。

苗后除草剂对玉米造成的损伤主要表现在：同一块田的大部分植株在相同叶位出现褪绿药斑，严重时受害植株矮小，叶片破裂，心叶扭曲不能抽出，根系不发达，分蘖增多，形成丛生苗，严重者心叶腐烂，植株死亡。

61. 玉米除草剂药害有何防治方法?

（1）根据作物种类和防除对象，选择适宜的除草剂。

（2）严格掌握用药量和用药适期，禁止在大风天和炎热中午用药。

（3）用药器械要彻底清洗，除草剂和杀虫剂不宜混施。

（4）产生药害后要大量喷清水，同时加强田间管理，增施磷钾肥，喷施尿素等速效肥料，促进玉米生长。

62. 深松整地对玉米生长有何作用?

对土壤进行深松，降低了土壤的容重，促进了土壤理化性状改善。“虚实结合”的土壤结构，能改善作物根系生长条件，增强抗倒伏能力，促进农作物生长发育。据测试，深松地块的玉米比未深松地块的玉米主根长 74 厘米，次生根多出 20 条，百粒重增加 1.4 克，亩增产 100 千克左右。夏玉米深松施肥播种作业，可充分接纳夏季雨水，防止形成土壤表面径流，达到抗旱或排涝效果。

四、花生生产实用技术

1. 花生栽培品种有几种类型?

(1) 普通型 主茎上完全是营养枝。第一对与第二对侧枝上营养枝与生殖枝交替着生。荚果普通型大部分均有果嘴，无龙骨，荚壳表面平滑，壳较厚，可见明显的网状脉纹，典型的双仁荚果。种子椭圆形，种皮多粉红色。生育期较长，多为晚熟或极晚熟品种。种子发芽对温度的要求较高，休眠期较长。耐肥性较强，适于水分充足、肥沃的土壤栽培。

(2) 龙生型 主茎上完全是营养枝，第一对和第二对分枝上营养芽与生殖芽更迭交替，几乎全是蔓生的，侧枝匽卧地面上，主茎明显可见。荚果龙骨和喙均甚明显，荚果的横断面呈扁圆形，脉纹明显，荚壳较薄，有腰，以多仁荚果为主，果柄脆弱，容易落果。种子椭圆形，种皮暗涩。

(3) 珍珠豆型 主茎上除基部为营养枝外，第一对侧枝的第一节通常均为营养枝，茎枝比较粗壮。荚果蚕茧状或葫芦状，典型的两仁荚果，果壳薄，有喙或无喙，有腰或无腰，荚果脉纹网状。种子圆形，种皮以白粉色为主，有光泽，均为小粒或中小粒品种。耐旱性较强，对叶部病害抗性较差。种子休眠性较弱，休眠期短。种子发芽对温度的要求较低，适于早播。

(4) 多粒型 主茎上除基部的营养枝外，各节均有花枝，节间较短，分枝少，只有 5～6 条第一对分枝，很少生有第二对侧枝，

是典型的连续开花型。荚果以多粒为主，两仁荚果亦占有一定比例。果壳厚，脉纹平滑和显著，果喙不明显，果腰不明显。种皮大多为红色或红紫色，个别品种为白色，均为小粒或中小粒品种。种子休眠性较弱，休眠期短。种子发芽对温度的要求最低，该品种大多为早熟或极早熟品种。

（5）中间型 其有两大特点：一是连续开花、连续分枝，开花量大，受精率高，双仁果和饱果指数高，荚果普通型或葫芦型，果型大或偏大，网纹浅，种皮粉红，出仁率高。株型直立，分枝少，叶片小或中等。中熟或早熟偏晚。种子休眠性中等。二是适应性广。

2. 彩色花生有什么营养价值?

彩色花生，又称多彩花生、多色花生、五彩花生。主要分为富硒黑花生、白玉花生、珍珠花生等几个品种。

据介绍，彩色花生比普通花生营养丰富，口感好。据研究，彩色花生蛋白质含量比普通花生高出 23.9%，每百克彩色花生含微量元素锌 3.7 克，硒 8.3 克，比普通花生分别高出 48%和 101%。彩色花生系列新品种比普通花生更富含硒、锌、铁、碘、白黎芦醇和氨基酸等营养成分，更具保健、食疗功效。能调节人体生理机能，提高免疫力，抗癌、软化血管，在预防疾病方面起到重要作用。最新的科学实验证明，彩色花生中含有的单不饱和脂肪酸、白藜芦醇、锌及贝塔谷固醇等成分，具有预防心脑血管病、心脏病及有效抗癌等特殊功效。彩色花生特别含有维生素 E、维生素 A、维生素 B_1、维生素 B_2、维生素 K 及大量锌、钙、磷、铁等微量元素，经常食用能延缓衰老，增强人体免疫力，对促进儿童脑细胞发育和增强记忆力有良好的作用。彩色花生集观赏、食用、营养、保健于一体，适合开发加工高档保健、休闲食品，种植前景无限。

3. 花生对温度有什么要求?

花生是喜温作物，生长适宜温度为25～30℃，低于15.5℃基本停止生长，高于35℃对花生生育有抑制作用；昼夜温差超过10℃不利于荚果发育，白天26℃、夜间22℃最适合荚果发育，白天30℃、夜间26℃最适合营养生长；5℃以下低温连续5天，根系便受伤，−1.5～2℃地上部便受冻害。全生育期需积温3 000～3 500℃（珍珠豆型约3 000℃，普通型和龙生型约3 500℃）。

4. 花生对水分有什么要求?

花生比较耐旱，但发芽出苗时要求土壤湿润，田间最大持水量以70%为宜，出苗后便表现出较强的抗旱能力。苗期需水少，开花期需要土壤水分充足，如果20厘米深的土层内含水量降至10%以下，开花便会中断。下针结实期要求土壤湿润又不渍涝。花生全生育期降水量300～500毫米便可种植，多数产区水分对产量的影响主要是降水分布不均。

5. 花生对光照有什么要求?

花生对日照长度的变化不敏感，长日照有利于营养生长，短日照促进开花。在短日照下，植株生长不充分，开花早，单株结果少。光照强度不足时，植株易出现徒长，产量低。光照充足，植株生长健壮，结实多，饱果率高。

6. 什么样的土壤适合花生生长？为什么?

花生适合的土壤条件是耕作层疏松、活土层深厚、中性偏酸、排水和肥力特性良好的壤土和沙壤土。该类土壤通透性好，并具有

一定的保水能力，能较好地保证花生所需的水、肥、气、热等条件。花生耐盐碱性差，在盐碱地即使发芽也易死苗，长成的植株矮小，产量低。花生比较耐酸，但酸性土中钙、磷、钼等元素有效性差，并有高价铝、铁的毒害，不利于花生生长。一般认为花生适宜的土壤 pH 为 6.5～7.0。

7. 花生高产的土体特征有哪些?

(1) 全土层深厚 高产田全土层要在 50 厘米以上。花生的根群 99%分布在 50 厘米以内，主根则深扎 1 米以上。因此，土壤深厚对花生根系的生长发育十分重要。

(2) 耕作层暄活 厚度在 30 厘米的范围是暄活肥沃的耕作层，也是花生吸肥能力最强的主根群分布层。

(3) 结实层疏松 10 厘米以上的表土层是花生根茎生长和果针入土结实的结实层。要求土壤通透性良好，有机质含量 1%以上，全氮含量 0.05%～0.07%，有效磷含量 24～25 毫克/千克，速效钾含量 54～74 毫克/千克，pH 6～7。

(4) 茬口要求 3 年以上没种花生或不重茬地块。

8. 花生田如何进行深耕改土?

一是适时早耕。要使深耕当年见效，必须早耕，以利于土壤充分熟化。以秋末冬初效果好。二是掌握适宜深度。深耕条件下的花生，其根系 95%以上集中分布在 0～30 厘米土层内，若耕翻过深，生土翻到上层过多，就会影响花生出苗和生长发育。三是深耕要不乱土层。深耕打乱土层，生土翻上过多，当年熟化不透，影响花生出苗和生长发育。因此，深耕要注意熟土在上，生土在下。机械深耕要在犁铧下带松土铲，以达到上翻下松、不乱土层。四是结合深耕增施有机肥。

9. 花生重茬为什么减产?

花生忌重茬，宜隔两年以上，至少隔一年两季。花生重茬一年减产 20%，重茬两年减产 30%以上，连作的年限越长，减产幅度越大。花生重茬减产的主要原因：一是在连作的条件下一些土壤传播的病害如青枯病、线虫病等在土壤中残留大量病原菌，致使病虫害一年比一年重。花生重茬由于病害加重，尤其是在生长后期引起植株枯萎或早衰，在一定程度上加重黄曲霉毒素的污染。二是花生对土壤中营养元素的吸收有一定的选择性，在同一地块上连续种植，势必使某些营养元素缺乏，使花生不能正常生长发育，影响产量及品质。三是花生重茬会使有毒物质积累。花生在生长发育过程中，其根的分泌物及植物其他部分的分泌物，会抑制花生生长，甚至对花生造成毒害。四是重茬使土壤微生物群体变化。五是重茬导致土壤酶活性下降。

10. 花生与哪些作物轮作效果比较好？怎样轮作?

花生是豆科作物，与禾本科（小麦、玉米）、十字花科等作物换茬效果好，与生态型相近的豆科作物轮作效果较差。轮作顺序，一般先安排花生，花生收获后，安排需氮较多的禾本科作物。故花生有“先锋作物”“甜茬”之称。

11. 花生地膜覆盖为什么增产?

春花生地膜覆盖栽培可提早种植，延长生长期，提高产量，一般增产幅度为 10%～20%。实践证明，地膜覆盖具有五大优点：一是增温保温。地膜覆盖栽培春花生，可使整个生育期积温显著提高，促使早出苗；二是保湿作用明显。地膜覆盖能减少土壤水分蒸发，同时由于毛细管作用，使地下深水层水分提到耕作层供吸收利

用，对保湿防旱，促进全苗、壮苗作用十分显著；三是可改良土壤理化性状，防止土壤板结；四是可促进土壤微生物活动，有利于根瘤菌生长和活动，为开花、结果提供更多养分；五是可大大减少病虫害和杂草的生长。

12. 花生品种选择有什么原则？

花生品种不同，其产量水平、适应区域、市场适应性均不相同。根据当地特点，选择适宜的花生品种是获得高产、高效的关键。在选种时，还应根据各自的前后茬作物情况以及土壤肥力水平、种植模式、技术水平、当地的市场需求等综合因素，选择适宜的品种。北方春播花生，应选用增产潜力大的大果型、中晚熟的普通型或中间型品种，生育期 130 天左右。

13. 花生需肥有哪些特点？

花生出苗前所需要的营养物质主要是由种子本身供给，幼苗期由根系吸收一定量的氮、磷、钾等营养物质满足各器官的需要。这个时期氮素、钾素集中在叶片，磷素集中在茎部。开花下针期，花生植株生长迅速，营养生长和生殖生长同时进行，氮素集中在叶片，钾素从叶片转移到茎部，磷素由茎部转向果针和荚果。这一时期是需肥量最大的时期。结荚期是营养生长的高峰期，也是重点转向生殖生长的时期，这时氮素、磷素集中在幼果和荚果，钾素集中在茎部，这一时期也是对钙吸收量最大时期。饱果成熟期的根茎叶基本停止生长，吸收的各种营养逐步转移到荚果中，促进荚果的成熟饱满。氮素、磷素集中在荚果，钾素集中在茎部。

花生的需肥特性总的来说是中间多，两头少。在全生育期中对氮、磷、钾的吸收是：幼苗期、保果期、成熟期少，开花下针期、结果期多。苗期由于生长缓慢，吸收养分少，氮、磷、钾的吸收量仅占全生育期吸收总量的5%左右，开花期是花生植株迅速生长时期，此期大量开花扎针，对养分需求量多，早熟品种对氮、磷、钾的吸收量达到最大，占吸收总量的一半以上，晚熟品种开花期对钾的吸收量接近一半，对氮、磷的吸收结荚期达到最高，占一半以上，成熟期根系吸收能力减弱，对养分的吸收减少。花生是喜钙的作物，科学增施钙肥，可提高荚果的产量和品质。

14. 花生的需肥量是多少?

花生的施肥量是根据土壤的肥力条件和产量水平决定的。

(1) 高肥水地块 根据花生亩产500千克荚果对氮、磷、钾主要营养元素吸收量和肥料的吸收利用率分析，土壤中氮素营养丰富，采用氮减半、磷加倍、钾全量的比例，即每亩施氮（N）14.8千克、磷（P_2O_5）11千克、钾（K_2O）16千克，折合成优质圈肥5 000千克，尿素13千克或碳酸氢铵35千克，过磷酸钙72千克，硫酸钾22千克或氯化钾18千克或草木灰138千克。

(2) 中等肥力地块 实现花生亩产500千克荚果的目标，采用氮钾全量、磷加倍的施肥比例，即每亩施纯氮（N）27千克，折合优质圈肥1 000千克、尿素26千克或磷酸氢二铵26千克或碳酸氢铵70千克，其他的施肥量相同。

15. 花生播种时，底施多少肥料合适?

中低产田一般要亩施圈肥2 000～3 000千克，纯氮（N）4～7千克，磷（P_2O_5）3～5千克，钾（K_2O）4～6千克，需氮磷钾复合肥（15-15-15）60千克左右，每亩还需硼肥0.5～1千克，锌肥0.5～1千克，钙肥20～30千克。全部有机肥、2/3化肥结合耕地施入，1/3化肥在起垄时施在垄内或播种时用播种机施肥器施在垄中间。建议要将化肥总量的60%～70%改用控释肥，保证花生后期养分供应。

16. 要想地膜花生高产，怎样把好播种技术关？

地膜花生要高产，一定要把好以下四个播种技术关：一是要提早整地，施好基肥。二是要选好优质花生品种，做足播前准备工作，如晒种、种子分级和种子包衣等，是培育壮苗的关键。三是掌握好播种时间，做到适期播种。四是合理密植，地膜覆严。

17. 花生播种前种子准备工作包括哪几个方面？

播种前的准备工作，对于保证一播保全苗，提高花生产量、品质至关重要。主要包括选种、播前晒种、剥壳、种子粒选分级、发芽试验、药剂拌种等工作。

18. 播种前选种分级有什么好处？

剥壳前对留种的荚果进行再次选择，选择饱满的双仁果作种，剥壳后对种子进行粒选分级，将秕粒、小粒、破碎粒、感染病虫害和霉变的种子拣出，然后按种子籽粒大小分两级，分级播种，防止大、中粒种子混播，造成田间大苗压小苗，机械播种时，也可确保播种均匀。

19. 花生剥壳前晒种有什么好处？怎样晒种？

播前晒种，能加速种子的后熟，打破种子的休眠，促进酶的活动，有利于种子内养分的转化，提高种子的生活力；晒种可使种子干燥，增强种皮透性，促进种子萌动发芽，特别是对成熟度差和储藏期间受过潮的种子效果尤为明显；晒种还可以起到杀菌的作用，对于减轻花生苗期病害有积极的作用。晒种与不晒种相比，出苗提早 1～2 天，荚果增产 6%～10%。

晒种要选在晴天上午 10 点左右，把种子放在土场上晒 4～5 小时，连晒 2～3 天。注意不能直接晒种子（籽仁），以免晒伤种子或“返油”，降低发芽率。

20. 花生怎样拌种或包衣？

花生拌种或包衣有利于保证花生苗齐、苗全、苗壮，为花生优质、高产打下良好基础。采用 70%甲基托布津可湿性粉剂或 50%多菌灵可湿性粉剂，按种子重量的 0.3%～0.5%拌种，可有效防止烂根死苗。播种前每亩花生种子用高巧 20 毫升＋益微 40 克＋水 300 克进行拌种，可有效减轻苗期根茎腐病危害，培育壮苗。种衣剂的使用最好在播种前一天进行，或上午包衣下午播种，以便晾干种子表面。

21. 地膜高产花生对种植规格有什么要求？

地膜高产花生栽培采用起垄双行覆膜方式，垄距 85～90 厘米，垄高 10 厘米左右，垄面宽 55～60 厘米，垄上小行距 35～40 厘米，穴距 15～16 厘米，亩播 10 000～11 000 穴，每穴 2 粒。为保证播种质量，起垄时底墒要足，要求垄面平整，无坷垃。

22. 春播花生什么时间播种适宜？

春花生的播种适期主要根据不同品种类型对温度、土壤含水量的要求确定。一般小花生品种 5 厘米地温稳定在 12℃以上时播种，大花生品种 5 厘米地温稳定在 15℃以上时播种。花生种子发芽出苗的土壤水分以土壤最大持水量的 60%～70%为宜。因此，在花生播种适宜时期内，要适当早播。覆膜花生一般比露地栽培提早 7～10 天播种，北方花生产区地膜花生播种适期一般在 4 月下旬至 5 月初。

23. 花生播种适宜深度是多少？

无论采用哪种播种方法，都要保证播种质量，做到播种深浅一致。播种的深浅应以土壤质地、土壤墒情、整地质量及种子大小等而定。沙性大、墒情差的地块应深播，一般4～5厘米；壤质土、墒情好的地块应浅播，播深3～4厘米。大粒花生顶土能力强，应深播；小粒花生应浅播。地膜花生播深一般以3厘米左右为宜。

24. 地膜花生如何安全使用除草剂？

采用覆膜栽培花生，花生播种之后出苗之前，必须喷施除草剂。目前生产上多采用50%乙草胺乳油封闭除草，覆膜前每亩用50%乙草胺乳油100～150毫升，兑水40～50千克，均匀喷洒垄面和垄两侧，覆膜后再喷洒垄沟底。喷施除草剂时应注意将药液全部均匀喷施，喷药后应立即覆膜。

25. 地膜花生播后需要破膜放苗吗？

播种后10～15天花生会陆续出土，先播种后覆膜栽培的花生，在子叶出土并张开时或子叶未出土但可见真叶时，要用手指或刀片于正对幼苗处将地膜开一小口，引苗出膜，然后在开孔处用细土封住膜口。放苗应在早晨或傍晚进行。

26. 地膜花生有必要抠出膜下侧枝吗？

地膜花生要适时抠出膜下侧枝。因为花生主茎有2片真叶展开时，第一对侧枝已出现，而且茎枝基部节位已开始花芽分化，第一对侧枝是花生主要的结果枝，在膜下时间久了，会影响其早生快发，降低结实能力，造成减产。因此，必须及时将膜下侧枝抠出。

27. 地膜花生怎样浇好关键水？

花生既怕干旱，又怕渍水。足墒播种的覆膜花生，苗期一般不需浇水，播后2个月不下雨，也能正常生长。在开花下针期和结荚期，是花生需水高峰期，如果久旱无雨或仅小于10毫米的降水，叶片刚刚泛白出现萎蔫时，应立即浇水，以保根、保叶，维持功能叶片的活力，提高双仁果和饱满果指数，确保花生高产。地膜花生浇水以沟灌润垄或喷灌为宜。如果降水过大，田间积水过多，应及时排涝。

28. 温度对花生播种出苗时间有什么影响？

花生出苗所需的时间随着温度的提高而减少。出苗所需大于12℃的有效积温为87℃左右。一般春播花生播种至出苗天数为10～15天，夏播花生只需5～7天。

29. 环境条件对苗期花生有什么影响？

苗期的长短与温度、光照及土壤水分有密切的关系。一般春播花生苗期为25～30天，夏播花生20～25天。苗期若遇低温（如低于10℃）和多湿条件，容易引起死苗。苗期若遇干旱对花生花芽分化进程有很大影响，干旱可明显延迟开花。

30. 环境条件对开花下针期的花生有什么影响？

花生进入开花下针期，对外界条件的变化十分敏感，低温、弱光、干旱或土壤积水都能显著延迟开花，减少花数，影响果针形成和入土，对开花集中的珍珠豆型早熟品种影响尤为重要。开花下针

期植株营养体迅速增长，对氮、磷、钾的吸收占全生育期的23％～33％。

31. 结荚期花生对环境有什么要求?

花生进入结荚期，是营养生长和生殖生长最盛期，大批果针入土，子房开始膨大，发育成幼果，营养生长也达到最盛期。这时花生所吸收的氮、磷、钾占全生育期的50％左右，气温和水分对荚果发育和产量有重要影响。此期需要的适温为25～33℃，结实土层适温为26～34℃，低于20℃或高于40℃对荚果的形成和发育都有一定影响。

32. 花生开花下针期和结荚期田间管理要注意哪些问题?

开花下针期和结荚期田间管理的重点是：防治花生病虫害，叶面追肥，防止徒长。开花下针期是花生需肥需水的最大时期。这一时期主要的病虫害有叶斑病、红蜘蛛、棉铃虫、蛴螬。

33. 地膜花生生长中后期怎样防早衰?

地膜花生中后期追肥有一定的难度，如发现有脱肥症状，要进行叶面追肥，建议用1％～2％尿素＋0.2％～0.3％磷酸二氢钾＋硫酸锌的混合液50千克/亩，稀释均匀后叶面喷施，共喷2～3次，间歇7～10天。

34. 花生徒长是什么原因引起的?

主要是田间密度过大、施肥不当、花生生长中期处于高温多雨季节，引起基部节间过度拉长，分枝减少，组织细弱等，导致徒长，从而影响产量。特别是土壤肥力基础较好和花针期进行肥水猛促的田块，易出现群体植株徒长，过早封行，造成田间郁闭甚至后期倒伏的现象。

35. 花生徒长田怎样控长？

控制徒长是地膜花生取得高产的关键之一。在花生始花后30～50天（早熟品种花后30～40天，中熟品种花后40～50天），主茎高35～40厘米，第一对侧枝8～10节的平均长度>5厘米时，应及时喷施壮饱胺、多效唑等加以控制。

36. 怎样使用壮饱胺进行化控？

壮饱胺是青岛农业大学作物化控研究室研制的复合型作物生长调节剂，低毒，使用安全。一般花生田施用时期为花生下针后期至结荚初期或株高35～40厘米时，常用量为每亩20克粉剂。如植株明显徒长，可酌情增加用量，但不宜超过每亩30克。干旱年份或旱薄地可适当减少用量，以每亩10～15克为宜。施用方法为将药粉先溶于少量水中，搅动1分钟，再兑水30～40千克/亩，均匀喷洒在花生叶面上。

37. 高产花生栽培前期管理有哪些关键技术措施？

一是开孔放苗和盖土引苗。二是适时清墩和抠出膜下侧枝。三是适时查苗补种，争取全苗、壮苗。四是及时防治蚜虫和蓟马的危害。

38. 高产花生栽培中期管理有哪些关键技术措施？

高产栽培田，在花生开花到饱果前，田间管理的主攻方向是确保地上部和地下部协调稳健生长。通过肥水管理、防病治虫、化学调控等措施，控棵保稳长。

（1）及时防治病虫害 当植株叶斑病病叶率达5%时（正常年份为7月上中旬），叶面喷施500倍的多菌灵+代森锰锌的混配剂，连喷3～4次，间隔12～15天，以防主要叶部病害；7～8月高温多湿期，若发现棉铃虫等危害，应及时防治；结荚期若发现蛴螬、金针虫等危害，可用辛硫磷等农药灌墩。

（2）遇旱浇水，结荚后注意排涝 在花生盛花期和下针结荚期若土壤干旱，应及时浇水。

（3）采用化控技术 高产田植株易徒长，应在下针后到结荚初期用壮饱胺、多效唑等植物生长调节剂加以控制。

39. 高产花生栽培后期管理有哪些关键技术措施？

高产花生栽培后期管理的主观方向是防止植株早衰，促进果大果饱。一是继续防治病虫害；二是进行叶面追肥；三是及时排涝，防止烂果；四是如遇秋旱，应适量浇水；五是及时收获，减少或避免伏果、芽果和烂果发生。

40. 怎样适时收获花生？

生产上一般以植株由绿变黄，主茎保留3～4片绿叶，大部分荚果成熟，即珍珠豆型品种饱果率达到75%以上，中间型中早熟品种饱果率达到65%以上，普通型晚熟品种饱果率达到55%以上时，作为田间花生成熟的标志。同一品种，地膜花生可提前7～10天成熟。花生成熟后应及时收获，防止落果、烂果，提高荚果和籽仁质量。地膜花生收获时要同时回收残膜，达到净地净膜。花生收获后及时晒干，控制黄曲霉素的污染。

41. 如何防止花生品种退化？

一是防止机械混杂。二是防止生物学混杂。选用性状稳定、纯度高的原种作为繁殖用种。还有就是进行隔离，以防花生生物学混杂。三是加强田间管理。四是适期收获。五是提纯复壮。

42. 花生留种应注意哪几个环节?

要确保花生种子的发芽率高、苗壮、产量高和品质好，一定要抓住以下四个关键环节。一是适期收获。为避免花生在田间发芽，留种用的花生要比榨油用的花生提早收获。二是精选留种，去掉已发芽的荚果、掉蒂的荚果、死株上的荚果以及嫩果。三是及时晒种，收获后及时田间晾晒，摘果后在晒场摊薄晾晒，以防种子发热，发热的种子不能发芽。晒到花生荚果安全储藏标准时方可入库。四是安全储藏。

43. 花生缺氮有哪些症状?

花生缺氮：表现为叶小、色发黄，植株生长缓慢、弱小，开花少，单株结果数量低。主要在旱薄低产田、沙质壤土表现明显。

44. 花生缺磷有哪些症状?

花生缺磷：典型症状是叶色暗绿，茎发紫，植株瘦小，根系少，花少果小，品质差。在偏碱性的土壤中，磷素被固定而表现为缺乏。

45. 花生缺钾有哪些症状?

花生缺钾：植株矮小，生长发育迟缓，嫩叶起皱，叶片有少量的黑色斑点，老叶叶缘干枯或呈烧焦状卷曲。在高产田中花生吸收量大，有轻微缺钾表现。

46. 花生缺钙有哪些症状?

花生缺钙：花生吸收钙较多，仅次于氮、钾，居第三位。缺钙时，外观没有多大变化，主要影响生殖生长，表现为种子的胚芽变黑，荚果发育减退，果小仁秕，单仁果多，果壳肥厚，种子败育形成秕瘦的“空果”，根系不发达。虽然钙的缺乏在生产中表现不明显，近几年施肥中过磷酸钙被磷酸二铵代替，相对钙元素施用量少。

47. 花生缺锌有哪些症状?

花生缺锌：花生田锌不足时，花生叶片发生条带式失绿，失绿条带普遍出现在最接近叶柄的叶片上，严重缺锌时，整个小叶失绿，植株矮小。在各种土壤上有轻微缺锌表现。

48. 花生缺铁有哪些症状?

花生缺铁：最明显的症状是上部新叶叶脉失绿，或新叶全叶白化，甚至脱落。在碱性土壤及多年重茬种植的土壤中有缺铁表现。

49. 花生缺硼有哪些症状?

花生缺硼：影响荚果和籽仁的形成，会出现大量子叶内面凹陷的“空心”籽仁。植株矮小瘦弱，开花很少，甚至无花，最后生长点停止生长，以至枯死。

50. 花生缺钼有哪些症状?

花生缺钼：生长不良，植株矮小，叶脉间失绿，叶片生长畸形，整个叶片布满斑点，甚至发生螺旋状扭曲，根瘤发育不良，根瘤小而少，固氮能力下降。其症状与缺氮症状相似，但缺氮先表现在老叶上，而缺钼先表现在新生叶片上。

51. 钼肥在花生上怎样施用?

(1) 作基肥 整地时，亩施钼酸铵 50～100 克（与过磷酸钙混合施用）作基肥。

(2) 作种肥 播种前，用 0.1%～0.2%钼酸铵溶液浸种 3～5 小时，或用钼酸铵按种子量的 0.2%～0.3%拌种。

(3) 根外喷施 在花生苗期、花期或植株出现缺钼症状时，用 0.1%～0.2%钼酸铵溶液叶面喷施。

52. 当前生产上油用型花生品种主要有哪些?

(1) 冀花 4 号 高产高油中小果品种，荚果平均亩产 350.6 千克，脂肪含量 57.65%，出米率 75.6%。

(2) 冀花 5 号 高产高油大果型品种，脂肪含量 55.7%，出米率 72.4%，荚果平均亩产 315.03 千克。

(3) 中花 12 高产高油红皮小果品种，出米率 72.2%，粗脂肪含量 56.19%。

53. 油食兼用型高产花生品种主要有哪些?

(1) 冀花 2 号 油食兼用高产中大果品种，粗脂肪含量 52.0%，荚果产量 250～526 千克/亩。

(2) 冀花 6 号 油食兼用高产大果品种，含油量 53.7%，出米率 74.3%，荚果亩产 297.4 千克。

(3) 唐 94 - 1 油食兼用高产大果品种，脂肪含量 53.15%，蛋白质含量 22.56%。

54. 目前生产上高产优质花生品种主要有哪些？

(1) 冀花8号 直立疏枝型小花生，春播全生育期122天，适合机械化栽培。

(2) 冀花7号 早熟、高产、优质、抗病、适应性强，春播全生育期125天，夏播109天。

(3) 花育19 高产优质出口型大花生，出米率70%，含油量52.99%，春播全生育期130天左右，夏播100天左右。

(4) 花育22 优质高产出口大花生。荚果普通型，果较大，出米率71.0%，脂肪含量49.2%，春播生育期130天左右。

(5) 花育25 优质高产出口大花生。荚果普通型，果较大，出米率73.5%，脂肪含量48.6%，蛋白质含量25.2%，春播生育期129天左右。

(6) 潍花8号 普通型早熟大花生，春播全生育期125～130天，夏播100天左右。

55. 彩色花生主要品种有哪些？

(1) 四粒黑 株高60厘米，分枝6～8个，亩产300千克左右。一般单果3～4粒，偶有5粒，百果重300～400克，籽粒特黑纯正，富含10多种人体必需的微量元素。

(2) 两粒黑 果仁外皮紫黑色，长椭圆形。植株半直立，高40～50厘米，分枝力强，连续开花繁多，中早熟品种，生长期130天左右。双仁率80%以上，百果重210克左右，出仁率70%，果仁富含硒、锌，亩产400千克左右。

(3) 四粒彩 株高60厘米，分枝5～8个，超大果型，单果3～4粒，偶有5粒。富含多种人体必需的微量元素，特别是硒、碘的含量高于其他品种，亩产300千克左右。

(4) 双粒花 种仁上的颜色是红白两种颜色，鲜艳好看。株高

50厘米左右，半直立型，生长势、抗逆性强，中早熟品种，生长期135天。双仁率80%以上，百果重220克左右，出仁率70%～72%，果仁富含白藜芦醇，有助于预防血管病。亩产400千克左右，增产潜力大。

(5) 大红花生 果仁外皮大红色。株高50厘米左右，半直立型，抗性强。生长期135天左右，中早熟品种。百果重260克左右，出仁率70%左右，亩产400千克以上。

(6) 白玉花生 果仁外皮纯白色。株高40厘米左右，株型直立紧凑、矮壮，珍珠豆型。中早熟品种，生长期125天左右。双仁率85%以上，百果重185克左右，出仁率70%以上，亩产400千克以上。

五、蔬菜生产实用技术

1. 蔬菜育苗的方法有哪些？

（1）普通苗床育苗 普通苗床育苗也称冷床育苗，是一种传统的育苗方式。其优点是取材方便，成本低，技术简单。缺点是由于缺乏必要的环境保护，导致苗床温度偏低，秧苗生长缓慢，外界温度低时容易发生冷害、冻害。目前这种方法主要应用于露地蔬菜生产育苗。

（2）温床育苗 温床育苗根据人工增温方式不同，分为酿热温床和电热温床两种形式。现在普遍使用的是电热温床育苗，它是在冷床的基础上，通过铺设电热加温线来为苗床增温，从而能保证苗床较高而且稳定的地温，可以培育出根系发达、植株健壮的优质秧苗。目前主要是在日光温室或塑料大棚中使用，冬季为了加强保温效果，还可以在苗床上搭建小拱棚。

（3）容器育苗 容器育苗是指利用各种容器进行蔬菜育苗的方法，是现代蔬菜育苗的主要方式。其最大优点在于育苗及移栽、定植时，秧苗根系能得到有效保护，不会发生损伤，定植后没有缓苗期或缓苗期短，秧苗成活率高，植株生长旺盛。常见的育苗容器有育苗钵（营养钵）和育苗盘，生产上经常使用的育苗钵为塑料营养钵，育苗盘包括育苗穴盘和普通平底育苗盘。平底育苗盘一般只用于需要分苗的育苗生产中，如果是一次播种即成苗的应使用穴盘作为育苗容器。

（4）无土育苗 所谓无土育苗，即在育苗过程中不使用土壤，而采用其他方法（营养液或基质）为秧苗提供水分和矿质营养。现在基质育苗已经普遍应用于我国蔬菜生产中，它是在营养液育苗的基础上，以透气性好的固体材料作为基质，利用穴盘或营养钵为容器，通过浇施含有各种必需营养元素的营养液，为秧苗供应营养和水分的一种育苗方式。无土育苗具有以下优点：秧苗株体健壮，整齐一致，素质好；生长迅速旺盛，能显著缩短育苗时间；能减轻土传病害的危害，克服育苗中出现的连作障碍；能对育苗过程进行标准化管理；重量轻，便于运输。

（5）嫁接育苗 嫁接育苗是利用不同植物体之间的亲和性，把一个植物体的适当部位转接到另一株植物体上，通过愈合使之成为新植物体的育苗方式。其中接到另一株植物体上的部分为接穗，承接接穗的植株为砧木。蔬菜嫁接育苗是减轻土传病害，提高品种对环境适应性的有效措施。尤其是瓜类和茄果类蔬菜，包括黄瓜、西瓜、甜瓜、番茄和茄子等，目前已经普遍采用嫁接育苗。嫁接的方法有靠接法、插接法、贴接法和劈接法等，生产上可以根据不同蔬菜种类和不同嫁接要求选用不同的方法。

（6）遮阳网和防雨棚覆盖育苗 蔬菜秋延后栽培一般需要在夏季育苗，为了避免高温、强光、暴雨和病虫伤害蔬菜秧苗，生产上常采用遮阳网、防雨棚覆盖育苗。夏秋季节蔬菜育苗采用遮阳网覆盖，可起到遮阳降温，减少土壤水分蒸发，减弱暴雨、大风对秧苗及苗床冲击的作用，银灰色遮阳网可以驱避蚜虫，达到防止或减轻蚜虫传播的病毒病发生的效果。防雨棚覆盖育苗可在夏季多暴雨地区应用，是以塑料大棚和中棚为骨架，顶部覆盖塑料薄膜，四周不扣薄膜而用防虫网代替，以达到既通风又防虫的作用。为了遮阳降温，也可以在顶部薄膜上再覆盖一层薄草帘或遮阳网。

2. 蔬菜育苗怎么配置营养土？

蔬菜采用苗床育苗应配置苗床土，采用营养钵育苗应配置营养

土。无论是苗床土还是营养土，都要求土质疏松肥沃，有较强的保水性、渗透性和通气性，无病菌、虫卵及杂草种子，土壤呈中性或微酸性。可选用田园土、充分腐熟的有机肥（如堆肥等）、草炭和炉渣等配置而成，同时应加入占营养土总重2%～3%的过磷酸钙以及适量尿素等化学肥料。田园土应选择2～3年内未种过同科蔬菜的疏松肥沃土壤，尤以种过豆类或葱蒜类蔬菜的土壤为好。配置营养土时，应将所有床土材料充分搅拌均匀，再将其酸碱度（pH）调至6.5～7.0。

常见的营养土配方有：①肥沃田园土50%～70%，腐熟厩肥20%～30%，腐熟人粪尿5%～10%，复合肥0.1%。②肥沃田园土60%，腐熟有机肥30%，砻糠灰10%。③肥沃田园土40%，腐熟有机肥30%，泥炭土25%，腐熟人粪尿5%。

营养土应在育苗前2～3个月提前堆制，将各组分充分混合均匀并消毒。消毒可用40%福尔马林100倍液喷洒，然后用塑料薄膜盖严。播种前15天，揭膜翻开营养土堆充分释放福尔马林气味，过筛后调节pH至中性或弱酸性，铺于苗床或装于营养钵中待用。

3. 种子消毒处理的目的是什么？生产中常用的种子消毒方法有哪些？

种子消毒处理的目的是防止通过种子传播病虫害。在蔬菜生产中，常用的种子消毒方法主要有药剂消毒处理、温汤浸种杀菌和热水烫种消毒处理等方法。

（1）药剂消毒 种子药剂消毒分为拌种和浸种两种处理。

拌种消毒可用多菌灵、百菌清、甲基托布津、绿亨系列等杀菌剂和敌百虫等杀虫剂拌种消毒，用药量一般为种子重量的0.2%～0.3%。最好是干拌，药剂和种子都是干的，种子沾药均匀，不易产生药害。

药剂浸种，操作较为复杂，必须掌握药液浓度和浸种时间，应根据蔬菜种类不同，将蔬菜种子用清水浸泡3～6小时，再用清水冲洗并滤干水分后浸入药液中。按规定时间浸种消毒，然后取出种子，再用清水反复冲洗至无药味为止。

常用的浸种药剂有：①福尔马林（40%甲醛）兑水100倍液，浸10～15分钟，捞出后冲洗。②1%高锰酸钾溶液，浸种10～15分钟，捞出后冲洗。③10%磷酸三钠或2%氢氧化钠溶液，浸种20分钟，捞出后冲洗。④也可用多菌灵、甲基托布津、绿亨1号、绿亨2号等杀菌剂的适宜浓度浸种。

（2）温汤浸种 即用55℃的恒温热水浸种。先向盛有种子的容器倒入一些冷水，把种子浸没，然后再倒入刚烧开的开水，边倒边顺着一个方向用温度计搅动，同时观察温度计显示的温度，使容器中水温达到55℃。以后随搅拌随时加热水，使温度保持在55℃。10～30分钟，再向容器中倒入少量冷水使水温下降，耐寒性蔬菜降至20℃左右，喜温蔬菜降至30℃左右。然后进行浸种，时间比正常温水浸种缩短0.5～1小时。

浸种过程应注意搓洗种皮外表带有的黏着物，以促进种子吸水。进行温汤浸种应注意：一是要保持55℃的温度10分钟左右；二是不能使温度过高烫伤种子，也不可温度过低而达不到消毒目的。

（3）热水烫种 是指用较高温度的热水短时间处理种子，主要应用于吸水较难的种子的消毒处理。

处理方法：取干燥的种子装在容器中，先用冷水浸没种子，再取80～90℃的热水边倒边用温度计顺着一个方向不断搅动，使水温达到70～75℃并保持1～2分钟。然后倒入少量冷水，待水温降至20～30℃时，继续按正常浸种要求浸泡一段时间。70℃的水温已超过花叶病毒的致死温度，但应注意烫种时间不能过长。

4. 在家中怎么进行种子催芽?

在没有发芽箱的情况下，可以采用盆钵催芽法。方法是在种子充分吸水后，晾干或擦干种子表面浮水，用干净的湿布将种子包

好，把湿布包放在盆钵中。最好使用瓦盆，瓷盆也可。为防止盆底积水泡坏种子，可在盆底垫上纱布或干净稻草，然后在湿布包上面再盖上厚的湿布以利保温、保湿。将盆钵放在温暖地方以利发芽。也可将浸种消毒后的种子与洗净的河沙混合，河沙与种子的比例是1～2：1，混合均匀后装入盆钵等容器中，上面再覆盖一层湿沙或湿布，放在适温下催芽。注意催芽所用的容器和包布应当清洁，种子不能铺得过厚，防止引起烂种和出芽不整齐。

催芽温度因蔬菜种类而异，耐寒性蔬菜的催芽适温为18～22℃，喜温蔬菜的催芽适温为25～30℃，耐热蔬菜的催芽适温为28～32℃。开始催芽时，温度可稍低些，然后逐渐升高，当胚根伸出、种子露白时再降低温度，使胚根茁壮。催芽的湿度管理是以种皮不发滑又不发白为宜。催芽过程中注意每隔一段时间翻动一次种子并用干净清水冲洗种子，使种子受热均匀、补充水分和供给氧气。当发芽种子的胚根伸出种皮约0.3厘米时，即可进行播种。

5. 什么是秧苗沤根？如何防止？

低温季节育苗时容易发生沤根现象，幼苗和成株都可能发生。表现为根部不发生新根和不定根，根的表皮呈锈褐色，逐渐腐烂、干枯。病苗极易从土壤中拔出。茎叶生长缓慢，不易发生新叶，叶片逐渐变为黄绿色或乳黄色，叶缘开始枯黄，直至整叶皱缩枯黄。

病因是土壤温度低，含水量高，通气不良。防止方法：平整苗床，床土要疏松，防止浇水后床面积水。保证充足的光照。播种精细、均匀，覆土厚度不超过1厘米。科学浇水，播种前浇足底水，育苗过程中适当控水，严防床面过湿，特别要防止床土长期阴冷湿润。适时适量放风，定植前加强幼苗锻炼。低温季节定植时，要点水定植，按穴浇水。施用基肥时要均匀。发生轻微沤根时，及时松土，促使秧苗尽快发出新根。

6. 黄瓜嫁接育苗有哪些方法？

（1）靠接法 一般每亩黄瓜嫁接苗，砧木黑籽南瓜用种量为1 500～2 000克，接穗200克左右。砧木应比接穗晚播3～5天，当砧木秧苗第一片真叶半展开、下胚轴长度在6～7厘米时为嫁接适期。嫁接时先用刀片或竹签剔除砧木秧苗生长点，在子叶下方1厘米处呈30°～45°角向下斜切一刀，切口长度0.5厘米左右，深度要达到下胚轴粗的1/2左右，切面要平滑。接穗秧苗的子叶充分展开、真叶显露时为嫁接适期。接穗的削法与砧木相反，在距生长点1～1.5厘米处向上斜切，深度为下胚轴粗度的3/5～2/3，切口要平滑，切口长度0.5～0.6厘米，不可过长。嫁接时将接穗切口插入砧木下胚轴的切口，使二者紧密结合，从接穗的一方用嫁接夹固定，使嫁接夹平面与切口平面垂直。靠接后10～15天伤口基本可以愈合好，接穗第一片真叶展开，进行断根。在断根前1天捏扁接穗的胚轴，破坏其维管束，第二天在接口以下1厘米处下刀断根。接口愈合好以后去掉嫁接夹。

靠接法嫁接后期去夹断根工作烦琐，接口处愈合不牢固，但嫁接苗对外界不良环境的抵抗力较强。

（2）插接法 顶插接要求嫁接后严格管理，但后期伤口愈合牢固，不宜折断。选用单面半圆锥形或双面楔形竹签，楔面要求平滑，长度0.5～0.6厘米，直径一般为0.1～0.2厘米。这种方法要求砧木比接穗早播种3～5天，即砧木比接穗早浸种催芽6～7天。当砧木秧苗高6～7厘米第一片真叶半展开、宽度不超过1厘米时为嫁接适期。此时黄瓜心叶刚刚显露，子叶展平。嫁接时用竹签剔去砧木秧苗生长点，然后用竹签从一侧子叶基部中脉处向另一侧子叶下方胚轴内穿刺，到竹签从胚轴另一侧隐约可见为止。扎孔深0.4～0.5厘米，暂时先不拔下竹签。用刀片削接穗，如果是单平面竹签，接穗应削成单平面；如果是楔形竹签，接穗就削成楔形，然后在距子叶0.5～1厘米处以30°角斜切，切口长

度 0.4～0.5 厘米。拔出砧木上的竹签，立即将接穗插入孔中，使接穗与竹签平面吻合。接穗子叶方向与砧木子叶方向呈交叉状。

(3) 大苗生长点直插法 此种嫁接方法速度快，嫁接以后几乎不用缓苗。自制长 10 厘米、直径 0.4～0.5 厘米的竹签，一端削成 1 厘米长的半圆锥形呈楔形平面，尖端 0.4 厘米处直径 0.2～0.25 厘米。要求砧木比接穗晚播 2～3 天。即砧木比接穗晚浸种催芽 1 天或同时浸种催芽。在砧木秧苗第一片真叶长约 3 厘米时为嫁接适期。此时接穗子叶应充分展开，第一片真叶长 1 厘米左右。先用竹签剔除砧木秧苗生长点，在生长点中心向下垂直扎孔，其深度为 0.4～0.5 厘米，注意扎孔时竹签平面应朝子叶平面方向。削接穗时，在距子叶 0.5～1 厘米处下刀，削成与竹签尖端相似的形状。拔出竹签，立即将接穗插入孔中，使接穗削面方向与竹签平面方向吻合。每嫁接 10～20 棵时喷雾水 1 次，并及时移入小拱棚中保温保湿。

(4) 贴接法 此种方法要求砧木晚播 2～4 天，砧木子叶展平，真叶显露时为嫁接适期。嫁接时用刀片斜向下削去生长点及 1 片子叶，切面长度 0.5～0.8 厘米。接穗与砧木同时浸种催芽，接穗子叶展平，真叶长度不超过 0.5 厘米时为嫁接适期，在平行子叶伸展方向的胚轴上，距子叶 1 厘米斜向下削成 0.5～0.8 厘米长的平面。使接穗的切口与砧木切口一侧对齐，用嫁接夹固定。每嫁接 10～20 棵苗喷雾水一次，移入小拱棚遮阳保温、保湿。

7. 黄瓜、甜瓜秧苗嫁接后伤口愈合期如何管理?

蔬菜嫁接后，从砧木与接穗结合开始到维管束分化形成需要 10 天左右，这段时间嫁接苗在高温、高湿和中等强度光照条件下愈合速度快，成苗率高。

(1) 光照管理 嫁接苗在嫁接后的最初 2～3 天，光照管理主要是遮光，以避免高温和阳光直射引起接穗失水凋萎。嫁接3天后，在光照较弱的早晨和傍晚不需再遮阳，只在中午光照较强时段遮阳。以后的遮光时间应逐渐缩短，嫁接7～8天后可以完全去除遮阳物，全天见光。

(2) 温度管理 黄瓜秧苗刚刚嫁接后，地温应提高到22℃以上，气温白天保持在25～28℃，夜间18～20℃，但温度高于30℃时应适当遮光降温；甜瓜白天气温保持在25～30℃，夜间20～23℃。嫁接后3～7天，随着放风量的增加，可降低温度2～3℃。嫁接1周后，当叶片恢复生长，接口已经愈合，开始进入正常温度管理。

(3) 湿度管理 每株幼苗嫁接完成后，均应立即将基质浇透水，然后将嫁接秧苗放入已经充分浇湿的小拱棚内，并用塑料薄膜覆盖保湿。嫁接完毕后，将拱棚四周封严，不必通风换气。嫁接后的前3天，空气相对湿度最好保持在90%～95%。为此，每天上午和下午各喷雾水1～2次，湿度状态以塑料薄膜上布满雾滴为宜。喷水时喷头朝上，喷至塑料薄膜内侧膜面上最好，避免直接喷洒在嫁接部位引起伤口腐烂。如在薄膜下衬一层无纺布，保湿效果更好。3天以后，相对湿度可降至85%～90%，一般只在中午前后喷雾水。7天后可转入正常管理。为了减少病菌侵染，喷雾水时可配合喷洒一些杀菌剂。

(4) 通风 嫁接前3天一般不通风，3天以后，根据蔬菜种类和幼苗长势，可在早、晚通小风。以后通风口逐渐加大，时间逐渐延长。10天以后，嫁接苗已经成活，可进行正常通风管理。

(5) 病虫害防治 播种时用60%百菌清或70%甲基托布津，对苗床消毒，每10米^{2}用药20克，兑水15千克，在育苗床面或基质表面喷洒，可有效预防猝倒病。用45%多丰农，每100克兑水75～100千克，进行根部浇灌，每株浇药液150～250克，或在嫁接前对砧木进行处理，防治根腐病效果很好。另外，还要有效防治蚜虫、白粉虱等，避免传播病毒病。

8. 引起黄瓜花打顶的原因是什么？如何防止？

花打顶又称瓜打顶，是黄瓜幼苗或生长初期顶部布满雌花的一种通俗的说法。在黄瓜苗期或定植初期最易出现花打顶现象，其症状表现为生长点不再向上生长，生长点附近的节间长度缩短，不能再形成新叶，在生长点的周围形成包含大量雌花并间杂少量雄花的花簇，有些花簇略稀疏，但多个雌花占据了生长点。花打顶植株所形成的幼瓜瓜条不伸长，无商品价值，同时瓜蔓停止生长。

导致黄瓜花打顶的主要因素为：

（1）干旱 营养钵育苗，钵之间空隙大，水分散失大。定植后控水蹲苗过度造成土壤干旱。地温高，浇水不及时，新叶没有发出来，导致花打顶。

（2）肥害 定植时施肥量大，肥料未腐熟或没有与土壤充分混匀，或一次施肥过多（尤其是过磷酸钙），容易造成肥害。同时，如果土壤水分不足，溶液浓度过高，根系吸收能力减弱，幼苗长期处于生理干旱状态，也会导致花打顶。

（3）低温 冬季夜间温度低于15℃，叶片中的养分不能及时输送到其他部位而积累在叶片中，使叶片浓绿、皱缩，造成叶片老化，光合功能急剧下降，形成花打顶。白天长期低温也易形成花打顶。

（4）伤根 地温低于10～12℃，土壤相对湿度75%以上，低温高湿，造成沤根，或分苗时伤根，长期得不到恢复，植株营养不良，出现花打顶。

（5）药害 喷洒农药过多、过频，造成花打顶。

主要防止方法：

（1）疏花、摘瓜 通过疏花、摘瓜以减轻生殖生长的负担。

（2）叶面喷肥 疏花后喷施0.2%～0.3%磷酸二氢钾溶液或其他促进茎叶生长的调节剂，或硫酸锌和硼砂的水溶液。

（3）科学水肥管理 通过浇大水、密闭温室、保持湿度，提高白天和夜间温度，一般7～10天可基本恢复正常。其后可酌情再浇一次水，以后逐渐进入正常管理。适量追施速效氮肥和钾肥。

（4）加强温度管理 育苗时温度不要过高或过低，适时移栽。

（5）控制植物生长调节剂的浓度 通常乙烯利的浓度应控制在100毫克/升以内才是安全的。

9. 甜瓜秧苗的叶片和幼瓜产生药害后如何处理？

受害秧苗如果没有伤到生长点，可以加强水肥管理，促进快速生长。小范围的秧苗受害可以尝试选用赤霉素喷施，或施用碧护7 500倍液调节，或施用芸薹素（按照药品使用说明书使用）调节。生产中应尽量将杀菌剂和除草剂分成两个喷雾器进行操作，避免交叉药害的发生。严重受害的地块，只能拔除毁种。

10. 甜瓜秧苗的嫁接砧木有哪些？

（1）白籽南瓜类 主要是土佐系南瓜，如新土佐、早生新土佐、超级新土佐等，这类砧木与甜瓜亲和力强，耐低温干燥，为甜瓜的常用砧木。

（2）甜瓜共砧 如甬砧3号世纪星，它与栽培甜瓜的嫁接亲和性和共生性最好，嫁接后不会引起植株生长过旺，植株长势稳定，果实品质也无不良表现，对甜瓜枯萎病的抗性强于栽培甜瓜，也较耐低温。但对甜瓜枯萎病的抗性不如南瓜砧和冬瓜砧强，不宜在发病较为严重的地块应用。

（3）冬瓜砧 亲和力高，耐高温，果实品质好，适于夏季高温期栽培。

11. 甜瓜秧苗发生“亮叶”的防治措施有哪些？

北方瓜农常说的“亮叶”是指甜瓜感染了溃疡病。病菌侵染幼苗、茎秆及幼果，结果盛期也可感染。病菌通过植株的疏导组织进行传导和扩展，感病初期在叶片表面呈鲜艳水亮状即“亮叶”。幼瓜初期染病呈水渍状烂瓜。茎蔓染病，呈油渍状阴湿蔓，有裂蔓现象，潮湿条件下病茎和叶柄会有菌脓溢出。

防治措施：

（1）农业措施 采用高垄栽培，避免带露水或潮湿条件下的整枝打杈等操作，阴天不进行整秧掐蔓操作。清除病株和病残体并烧毁，病穴撒入石灰消毒。

（2）种子消毒 可以用温汤浸种 30 分钟或 70℃干热灭菌 48～72 小时，或用硫酸链霉素 200 毫克/千克种子浸种 2 小时。

（3）药剂防治 预防溃疡病，初期可选用 47％加瑞农可湿性粉剂 900 倍液，或 77％可杀得可湿性粉剂 500 倍液，或 27.2％铜高尚悬浮剂 800 倍液喷施或灌根，或用细菌灵 400 倍液、硫酸链霉素 3 000 倍液、新植霉素 5 000 倍液喷施。每亩用硫酸铜 3～4 千克撒施后浇水处理土壤也可以预防溃疡病。

12. 瓜棚内怎样正确使用百菌清烟剂？

（1）剂型和燃放点数量的确定 使用有效成分含量低的（30％、20％、10％）烟剂时，可适当集中燃放，燃放点可少些，一般每亩设 3～5 个即可。但使用有效成分含量高的烟剂时，为防止产生药害，应分散燃放，每亩可设 5～7 个燃放点。中、小棚宜选用有效成分含量低的烟剂，一般每亩设 7～10 个燃放点；低于 1.2 米高的小棚不宜使用烟剂，否则易造成药害。

（2）用药量的确定 根据棚室空间大小、烟剂有效成分含量和蔬菜的不同生育时期确定用药量。棚室高，跨度大，用药量多。烟剂有效成分含量高，用药量少。在蔬菜生长的前期，用药量应酌情减少。一般棚室使用30%百菌清烟剂时，每次用药量为每亩300～400克。每隔7～10天1次，连用2～3次。

（3）用药次数的确定 在发病初期，只需燃放烟剂1次即可达到预期的防治效果。病害发生较重时，一般应连续防治2～3次。每次施药间隔5～7天，如在两次使用烟剂的中间，选用另外一种杀菌剂进行常规喷雾防治，效果更佳。

（4）烟剂使用时期 以阴雨天以及低温的冬季使用效果最好。

（5）烟剂使用时间 一天中最适宜的烟剂使用时间为傍晚。

（6）操作方法 温室使用烟剂一般于下午放下草苫后开始，大棚于下午日落前进行。施药时按照药品使用说明书掌握用药量。使用烟剂前，将棚室密闭，烟剂离开蔬菜至少30厘米远。由内向外，逐个点燃，密闭棚室过夜，翌日早晨通风。

13. 大白菜的需肥特点有哪些？

大白菜生育期长，产量高，养分需求量极大，对钾的吸收量最多，其次是氮、钙、磷、镁。每1 000千克大白菜约需要吸收氮（N）2.2千克、磷（P_2O_5）0.94千克、钾（K_2O）2.5千克。

由于大白菜不同生育时期的生长量和生长速度不同，对营养条件的需求也不相同。总的需肥特点是：苗期吸收养分较少，氮、磷、钾的吸收量不足总吸收量的1%；莲座期明显增多，约占总量的30%；包心期吸收养分最多，约占总量的70%。

各个时期吸收三要素的比例也不相同，发芽期至莲座期吸收的氮最多，钾次之，磷最少，结球期吸收钾最多，氮次之，磷最少，因为结球期需要较多的钾促进外叶光合产物的制造，同时还需要大量的钾促进光合产物由外叶向叶球运输并储藏。充足的氮素营养对促进形成肥大的绿叶和提高光合效率具有特别重要的意义，如果氮素供应不足，则会植株矮小，组织粗硬，导致严重减产；如果氮肥过多，叶大而薄，包心不实，品质差，不耐储存。磷肥充足有利于

叶球形成，钾能增加大白菜含糖量，加快结球速度，如果后期磷、钾供应不足，往往不易结球。大白菜是喜钙作物，在不良的环境条件下发生生理缺钙时，往往会出现干烧心病，严重影响大白菜的产量和品质。

14. 大白菜的施肥技术应该怎样掌握？

大白菜全生育期每亩施肥量为农家肥 2 500～3 000 千克（或商品有机肥 350～400 千克）、氮肥（N）13～16 千克、磷肥（P_2O_5）5～8 千克、钾肥（K_2O）10～12 千克，农家肥或商品有机肥作基肥，氮、钾肥分作基肥和追肥，磷肥全部作基肥，化肥和农家肥（或商品有机肥）混合施用。

（1）基肥　施足基肥是大白菜获得高产的基础。基肥每亩施用农家肥 2 500～3 000 千克（或商品有机肥 350～400 千克）、尿素 4～5 千克、磷酸二铵 11～17 千克、硫酸钾 6～7 千克，缺钙土壤施用硝酸钙 20 千克。

（2）追肥

①莲座期追肥。大白菜莲座期生长速度和生长量都较大，是产量形成的重要时期，充足的水肥供应保证莲座叶旺盛生长是丰产的关键。一般莲座期可以亩施尿素 6～7 千克、硫酸钾 4～5 千克。

②结球期追肥。结球初期叶环外层叶迅速生长，生长量最大，对氮素养分的需要量特别高，应重施一次追肥。结球中期，叶球内叶子迅速生长而充实内部，生长量也很大，为了延长外叶的功能、延缓叶片衰老，应根据土壤肥力状况进行追肥。一般结球初期可以亩施尿素 8～10 千克、硫酸钾 6～7 千克，结球中期可以亩施尿素 6～7 千克、硫酸钾 4～5 千克。

（3）根外追肥　在生长期喷施 0.3%氯化钙溶液或 0.25%～0.50%硝酸钙溶液，可降低干烧心发病率。在结球初期喷施 0.5%～1.0%尿素或 0.2%磷酸二氢钾溶液，可提高大白菜的净菜率，提高商品价值。

15. 大白菜施用沼液肥，在不同生育期有哪些区别？

大白菜施用沼液肥，不但生长快、产量高、成熟早、品质好，而且有明显的防病作用。

（1）大白菜苗期 用40%沼液肥进行穴施，或按每亩800千克沼液肥顺垄浇施，但浇施后必须立即浇水，以免烧苗。

（2）莲座期浇施 莲座期是大白菜发病率较高的时期之一，除将沼液肥兑清水穴施或顺垄浇施外，如再用30%沼液肥进行一次叶面喷施，效果更佳。

（3）结球期浇施 此期沼液肥的追施量每亩可增加到1 000千克，并结合浇水分3次施入即可。

（4）成熟期浇施 大白菜进入成熟期后，对水肥不太敏感，所以沼液肥的施用量可降至每亩400千克左右，同样结合浇水分次施入。

16. 菠菜缺氮的症状及防治方法是什么？

菠菜缺氮的症状：叶色浅绿、基部叶片（老叶片）变黄，逐渐向上发展，干燥时呈褐色。植株矮小，分枝（分蘖）少，出现早衰现象。

防治方法：施足基肥，每亩施腐熟畜肥2 000～3 000千克、磷肥30～35千克、钾肥10～15千克。2～3片真叶时，结合间苗追一次肥，每亩施尿素7.5～10千克。6～7叶期每亩施尿素15～20千克。越冬栽培菠菜，春后气温稳定时（不结冰），如表土干旱，苗心叶发绿时，要及早浇返青水。秋菠菜，2叶期结合间苗追肥1次，4～5叶期时浇水追肥，以速效氮肥为主。在菠菜生长期间要保持土壤湿润，遇干旱要及时浇灌或结合追肥进行氮肥勤施。

17. 大棚秋菠菜种植什么品种适宜？

大棚秋菠菜的栽培，是指生育前期在大棚内可以不扣棚膜生长（即露地生长），霜冻前扣上棚膜在大棚内生长，采收时间为 11 月上旬。同时整个生育期也可以扣棚膜栽培。品种可选用菠杂 58、菠杂 18、全能、菠杂冠能等，它们耐寒性强、生长速度快，产量高，抗病能力强。

18. 花椰菜的壮苗标准是什么？

花椰菜壮秧的苗龄，春苗为 50 天左右，夏播苗为 25 天左右。壮苗的株高 15 厘米左右，具有 5～6 片真叶，叶色浓绿稍有蜡粉，叶片大而肥厚，节间短，叶柄也短，根系发达，须根多，全株无病虫害和机械损伤。

19. 空心菜的种植品种有哪些？

空心菜的种植品种分 3 种：一是白花种，叶长心脏形，茎叶肥大、淡绿色，花白色，质地柔嫩，品质佳，如大骨青、大鸡白；二是紫花种，茎与花带淡紫色，纤维多、品质差，抗逆性强；三是吉安大叶蕹菜，适于壤土或黏土栽培，喜氮肥，茎叶繁茂，茎中空有节，叶片肥大，产量高且品质好，适应性强。

20. 韭菜的繁殖方法有哪些？

韭菜繁殖方法可分为有性和无性繁殖两种。前者是用种子繁殖，繁殖系数高、植株生活力强、分蘖旺、寿命长、产量高；后者是用分株繁殖，可随时进行，但繁殖系数低，生活力、分蘖力弱，寿命短、产量低。生产上主要采用有性繁殖方法。

21. 棚室茄子育苗应该注意什么?

选择早熟丰产、耐寒性强、品质优的茄子良种，如杭茄 1 号、杭茄 3 号。以 9 月中旬至 10 月上旬播种为宜，采用大棚加小拱棚保护地育苗。苗期气温尽量控制在白天 25～28℃、夜间 15～18℃；适宜地温 12～15℃。3～4 片真叶时用营养钵分苗。整个苗期要注意防止徒长和冻害。所育的茄苗要求苗龄较短、茎粗、棵大、根系发达。

22. 茄子采摘时果柄留长好还是留短好?

在采摘圆茄时，植株上留的果柄较长为好，即在剪除时不要全部剪除果柄。因为在植株上留下长果柄，在病害侵染后，因为果柄较长，侵染到茎秆处还有一部分距离，便于菜农发现后提早防治。另外，植株上留长果柄，果实上的果柄就相应变短，可以省去装筐时剪果柄的麻烦。

病害从剪除部位侵染植株，不是留长果柄和不留果柄就能避免的。菜农可以在剪除圆茄时，事先给果剪涂抹百菌清，消毒灭菌，以防剪口侵染病害。

23. 茄子保花保果措施有哪些?

棚室种植茄子常出现落花落果的现象，为防止此现象的发生，可采取下列措施处理花蕾或幼果。

(1) 用 25%复合型 2,4-D 稀释液 在开花前后 1～2 天，用毛笔蘸稀释液点花、涂花柄或将花蕾于稀释后的药液中浸 2～3 秒钟后取出。使用浓度与温度有关，温度高于 15℃时，每千克清水中加入原药液 48～50 滴摇匀；当温度低于 15℃时，每千克清水中加入原药液 72～74 滴摇匀。在 2,4-D 药液中同时加入赤霉

素更为有效。

（2）用2.5%坐果灵稀释液 在开花后的第二天16:00后，用手持小喷雾器将稀释液喷洒于花和幼果上，不可喷到植株的顶叶和嫩叶上，每隔5～7天喷1次。当棚温高于25℃时，每毫升原药液加水1.25千克；当棚温低于25℃而高于15℃时，每毫升原药液加水0.85千克；当棚温低于15℃时，每毫升原药液加水0.33千克。

（3）用丰灵1 500～2 500倍液 在开花前1天、开花当天及开花后1天，用手持小喷雾器喷蕾、花、幼果。当棚温低于15℃时，一胶囊药粉（0.4克）兑水0.6千克；当棚温高于25℃时，一胶囊药粉（0.4克）兑清水1千克；当棚温15～25℃时，一胶囊药粉（0.4克）兑水0.8千克。

24. 茄子嫁接前砧木如何选择？

用于茄子嫁接的砧木共分3种：

（1）平茄 又称赤茄、红茄，主要抗枯萎病，中抗青枯病（防效可达80%）。种子易发芽，嫁接成活率高，用平茄作砧木需比接穗早播7天。土传病害（青枯病）严重地块，不宜选用该品种作砧木。

（2）刺茄 高抗黄萎病（防效在93%以上），是目前北方普遍使用的砧木品种，种子易发芽，浸泡24小时后约10天可全部发芽。刺茄较耐低温，适合进行秋冬季温室嫁接栽培。刺茄作砧木需比接穗早播5～20天。

（3）托鲁巴姆 该砧木对枯萎病、黄萎病、青枯病、根结线虫病4种土传病害达到高抗或免疫的程度。种子需催芽，即浸种时每千克用赤霉素100～200毫克浸泡24小时，再用清水浸洗干净，放入小布袋内催芽。催芽播种需比接穗提前25天，如浸种直播应提前35天。

25. 茄子嫁接方法有哪些？

（1）劈接法 当砧木长到6～7片真叶，接穗长到5～6片真叶时，即可进行嫁接。选茎粗细相近的砧木和接穗配对，在砧木2片真叶上部，用刀片横切去掉上部，再于茎横切面中间纵切深1.0～1.5厘米的切口；取接穗苗保留2～3片真叶，横切去掉下端，再小心削成楔形，斜面长度与砧木切口相当，随即将接穗插入砧木切口中，对齐后，用固定夹子夹牢，放到苗床地上。

（2）贴接法 砧木和接穗大小与劈接法相同，先将砧木保留两片真叶，去掉下部，再削成30°角斜面，斜面长1～1.5厘米；取来接穗，保留2～3片真叶，横切去掉下端，也削成与砧木大小相同的斜面，二者对齐、靠紧，用固定夹子夹牢即可。

26. 哪些措施可以延长圆茄采收期？

（1）清除地膜，划锄地面 由于圆茄一般是去年8月定植，到今年6月已经生长接近10个月，茄子的根系老化严重，因此要尽量促发新根。但是因为种植行浇水次数过多，土壤密实度增大，因此要将种植行的地膜全部清除，然后进行划锄，这样可以增加土壤的透气性，促进新根的萌发，保证圆茄根系吸收的营养能够满足植株生长的需要。

（2）加强侧枝结茄 由于后期圆茄主枝的结果能力下降，并且畸形果增多，因此要采取措施提高圆茄的结果率，增加圆茄的商品性，可利用侧枝结茄。同时，在主枝上留取侧枝结果时，每主枝留取1～2个为宜。如果留得过多，植株营养不能供应果实发育，容易引起主枝早衰。但圆茄的侧枝连续结果能力较弱，故每个侧枝只留一个茄子，侧枝坐果之后，要在果实上部留取2～3片叶后摘心，以保证茄子发育所需要的营养。

（3）加强圆茄叶部管理，延缓叶片衰老 因为植株老化严重，

根系的吸收能力降低，叶片黄化现象严重，因此要注意通过叶面补肥的方法减缓叶片的衰老。尤其是对于一些在植物体内移动性较差的元素，如铁、镁等，要注意加强使用，这样可以延缓叶片黄化，提高叶片的光合作用，保证叶片制造的营养能够满足圆茄膨果的需要。

27. 如何提高茄子嫁接的成活率？

首先，选苗是关键，在嫁接以前一定要剔除弱苗、小老苗、带病苗等。

其次，苗床环境比较重要。一般来说，茄子嫁接后，前 3～4 天是接口愈合的关键时期，对光照、温度、湿度要求严格，在管理上要特别注意。白天小拱棚内温度保持 25～28℃，夜间 20～22℃，空气相对湿度 95％以上（即小拱棚内膜面均匀地布满水珠）。嫁接后，前 3 天小拱棚完全关闭，用草帘遮阳；第四天开始早上适当地在小拱棚顶部打开 5 厘米的小缝进行通风换气。以后每天逐渐延长通风时间，增大通风缝，第七天后，嫁接苗成活可完全通风。在嫁接苗完全通风后，对嫁接苗叶面用磷酸二氢钾 300 倍液和普力克 600 倍液的混合液进行喷雾，以防接穗叶片黄化病变。

第三，及时清水喷灌，防止萎蔫。嫁接后第四天，嫁接苗在出现萎蔫之前放草帘遮阳。第七天小拱棚打开完全通风以后，拱棚内湿度会迅速降低，若湿度下降幅度大，需要给拱棚内增加湿度，可在 10:00 左右，用清水给小拱棚内膜面喷雾。在遮阳的情况下，如接穗仍出现萎蔫，可对接穗叶面进行喷雾。

最后，及时移苗，补充养分。嫁接后第九天嫁接苗完全成活，可进行定植；也可对嫁接苗进行分级管理，选晴天剔除嫁接苗砧木上新萌发的侧枝和接穗上黄叶、病叶，将弱小苗和健壮苗分开摆放，摆放时营养钵之间距离 3 厘米，扩大嫁接苗光照面积。苗床摆满后，大水漫灌苗床，水漫到营养钵高度的 1/2 为止，促进秧苗生长，嫁接后 12 天左右再进行定植。

28. 什么是茄子V形整枝技术?

茄子V形整枝技术主要是在植株定植后进行主干除蘖工作，促使第一朵花着生节位高50～60厘米，其下自然形成两个分枝。这两个分枝在着生2～3片叶以后再各自长出分枝，留此4个主枝为结果母枝，分别牵引使其与主干成V形。以后对主干下部发出的侧芽、叶片均应及早摘除，以节省养分及保持田间通风、透光。

采用V形整枝法后，植株的每个结果母枝营养供应充分且均匀，结果数量大大增多，平均每枝可结果6～8个，因此要用支架支撑其重量。支架搭建在茄子主干两边，使用竹竿斜插成V形，高度约为2米，每支竹竿间隔2.3～2.6米，然后再用细竹竿横向缚于V形支架上，高度为110～130厘米。此时因结果母枝尚短，未能生长至横支架上，应用塑料绳牵引，直到结果母枝生长达到横支架上时，再将结果母株上的塑料绳改系于横支架上。在茄子的结果母枝上，每片叶的叶腋处发出的侧芽为结果短枝，在其结果后进行摘心，以使养分充分供应茄果生长。采收茄果时，应在近结果短枝基部侧芽上方剪下，促使其基部侧芽再生长成结果短枝，此枝生长20～30天后便可开花结果。

29. 如何提高茄子的坐果率?

(1) 人工授粉 保护地中应进行人工授粉，授粉时间以早晨8:00～10:00效果最好。

(2) 摘心 茄子一般坐果规律是随着植株的分杈而增加，基本上是每一分杈坐一个果。如门茄大多是1个，对茄是2个，四母斗茄是4个，而八面风茄则是8个。所以种植管理中，应充分利用这一特性，在定植后及时进行摘心，以促进其迅速分枝，增加结果部位，提高坐果率。

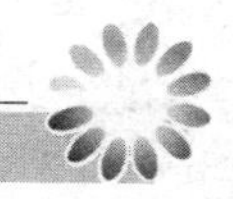

(3) 促弱控旺 茄子植株生长弱，营养不足，会加剧落花落果；但生长过旺，又会引起营养相对不足而造成落花落果。所以维持正常（不旺不弱）长势是促进茄子成花坐果的基本要求。因此，对生长弱的植株，应通过增施水肥，使其增强长势；生长过旺的要适当控制水肥，促其恢复正常生长，才能提高坐果率。

具体做法是：对弱苗加强水肥管理时，前期应以有机肥及速效磷为主，中后期可改用速效性氮肥，最好能在门茄开花时，每亩追腐熟稀粪500～600千克，或饼肥20～30千克，加入15～20千克普通过磷酸钙。进入盛果期后，追肥应转向以速效性氮肥为主（每次每亩追尿素10～15千克），在结果期追3～5次。同时还要注意结合追肥进行浇水。对过旺苗可在花期将植株的茎捏伤，以促进光合产物的积累，促进坐果；还可通过中耕伤根，减弱植株吸收养分及水分的能力，起到缓和长势，促进结果的目的。

(4) 激素处理 花期用20毫克/升防落素喷花，或用30～40毫克/升2,4-D蘸花，均可达到防止落花落果的效果，进而提高坐果率。

30. 番茄结的果实不是很圆，而是起棱凸起，是什么原因造成的？如何防止？

保护地番茄生产中，这种起棱凸起的果多与番茄管理中过度疏叶有关。不少菜农为增加果实着色，中后期把正在上色的果实周围的叶片全部摘除，有的只留2～3片叶。这就造成了叶片面积太小，不能养根也不能供果的问题，最终导致果实得不到充足的有机营养，使得正在发育的果实心皮空腔中缺少填充物，呈凹陷状态，而腔壁显得高，就形成了起棱现象。这种果实不圆，内含物少，重量轻，口味差，糖度低，造成减产25％～30％。

为减少这种后果的发生，要通过采取改变过度疏叶的老习惯，尽量减少叶片摘除量，促进果实正常生长，最终实现优质高产的目的。

31. 番茄缺硼症有哪些表现？如何防治？

番茄缺硼症的表现：

①幼苗叶片和真叶呈紫色，叶片硬而脆。小叶失绿呈黄色，茎生长点变黑、干枯。

②植株呈丛生状，顶部枝条向内卷曲、发黄。严重时生长点死亡，茎、叶柄很脆弱，易使叶片脱落。

③根生长不良，呈褐色。

④果实成熟期不齐，有褐色侵蚀斑或黑疤，果实畸形，果面产生裂痕，木栓化。

防治措施：

①改良土壤，增施腐熟有机肥。酸性土壤改良时要注意石灰的用量，防止石灰施用过量引起缺硼。

②提前施入含硼的肥料。

③出现缺硼症状后，叶面喷施硼肥，一般稀释 800～1 200 倍，3～4 天喷施一次，直到缺硼症状消失。

32. 番茄出现脐腐果，喷施钙肥后还有发生，应采取什么措施？

番茄出现脐腐病，原因与缺钙有关，但要注意作具体分析。一是北方土壤一般不缺钙，但不能过度控水，使植株出现干旱。二是注意补充硼肥，硼缺乏时会使钙不足。另外如果硼元素不足时，钙很丰富也不会被大量吸收，这会引发缺钙。所以在生产中应通过喷施硼肥或地下追施硼砂，以促进钙元素吸收。

33. 番茄植株长势很好，果实却很小，而且长得很慢，是什么原因？

这是营养生长过剩，生殖生长太弱所致。棚温偏高，水肥充足，氮肥偏多都会引发旺长。为控制旺长，必须做到控温（不过高）、控水（不过多）、控氮（不多用），同时喷用助壮素或矮壮素或较高浓度的爱多收，以控制旺长，从而达到营养生长和生殖生长平衡的目的，最终实现高产。

34. 番茄结出很多扁圆形小果，长不大是什么原因？

这属于典型的僵果，为生理病。造成僵果的主要原因：一是温度过低、光照不足，幼果得到的营养少；二是用2,4－D等激素蘸花，幼果不掉，但也不会迅速生长，形成僵果；三是蘸花药使用过早、过浓，未等花开放就蘸花，造成僵果，叫“早僵晚裂”。另外，缺硼也会加重僵果出现。

为减少僵果现象的出现，可通过采取将温度调节在正常范围，改善光照，注意蘸花不能过早，及时补充硼肥等综合措施进行预防。

35. 番茄叶片发暗，有的表面变白，有的嫩叶变浅紫红色，这是为什么？

这是由于番茄生长期间遭遇持续低温导致的冷害。较长时间的低温，使花青素增加，导致老熟叶片表面发白，嫩叶变成浅紫红色。在生产中有“七度八度叶无光，五度六度叶变黄”的说法，就是这种现象。在遭遇持续低温时，应该立即采取措施提高生产环境温度，以避免低温危害的发生。

36. 番茄叶片黄、小，主脉略呈紫色，是什么原因引起的？如何防治？

这是由于缺氮导致的缺素症。田间症状表现为：初期老叶黄绿色，后期全株呈浅绿色，小叶细小直立，主脉出现紫色，下位叶片尤为明显。开花结果少，果实小。

防治措施：

①培肥地力，提高土壤供氮能力。

②对秸秆还田的地块，应注意配合用速效氮肥。

③在翻耕整地时，增施氮肥。

④应急措施：叶面喷施0.5%尿素水溶液，5～7天喷1次，连喷2次，可有效缓解缺氮症状。

37. 番茄枯萎病怎样防治？

番茄枯萎病是典型的土传病害，一旦发生，极易随着浇水及农事操作传播流行。防治措施主要有以下几种：

(1) 苗期防治 25%阿米西达悬浮剂1 500倍液喷育苗盘，杀灭病原菌；在移栽时每穴施用68%精甲霜锰锌（金雷）0.5克，进行土壤消毒。

(2) 成株期防治 可选用4%嘧啶核苷类抗菌素水剂200倍液、10%双效灵水剂200倍液、50%菌毒清水剂200～300倍液、50%琥胶肥酸铜可湿性粉剂400倍液等灌根，每株灌药液300～500毫升，每隔7～10天灌1次，连灌2～3次。

38. 番茄黄化曲叶病毒病的主要特征是什么？如何防治？

感染黄化曲叶病毒病的番茄植株矮化，生长缓慢或停滞，顶部叶片常稍褪绿发黄、变小，叶片增厚，边缘上卷，叶质变硬，叶背

面叶脉常显紫色。生长发育早期染病植株严重矮缩，无法正常开花结果；生长发育后期染病植株仅上部叶和新芽表现症状，结果数减少，果实变小，成熟期果实着色不均匀（红不透），基本失去商品价值。

防治措施：

(1) 培育无病无虫苗是关键 该病对番茄植株侵害越早，发病率越高，所以预防要从育苗期抓起，做到早防早控，力争少发病或不发病。苗床周围杂草要除干净，苗床土壤要进行消毒处理，以减少病源。苗床用黄化曲叶病毒灵B灌根剂3 000倍液喷后整地，并使用40～60目防虫网覆盖。在苗期2～3片叶开始5天1次连续喷施3次黄化曲叶病毒疫苗预防。并用黄化曲叶病毒灵B灌根剂2 000倍液在分苗时和定植前灌苗床2次。

(2) 农业措施 定植时用黄化曲叶病毒灵B灌根剂2 000～3 000倍液浇穴水，缓苗后用黄化曲叶病毒灵A每袋兑水15千克，3～4天喷施1次，连喷4次。适当控制氮肥用量和保持田间湿润。施肥灌水要少量多次，做到不旱不涝，适时放风，避免棚内高温，调节好田间温湿度；增施有机肥，促进植株生长健壮，提高植株的抗病能力，1～2穗果时可再喷施1～2次黄化曲叶病毒灵A；及时清除田间杂草和残枝落叶，以减少虫源。大棚风口用40～60目防虫网隔离，配合田间吊黄板预防烟粉虱。

(3) 治疗 如前期没有预防感染病毒，立即用黄化曲叶病毒灵B灌根剂2 000～3 000倍液灌根，同时每3～4天喷1次黄化曲叶病毒灵A或黄化曲叶病毒疫苗，连喷4～5次。在治疗期间停止用生长素及控旺药物及普通病毒药物。

注意：一般浇水后的3～4天用药最好，用药1～2次可控制病害扩散，用药3～4次初发病株可恢复，对生长点已经停止生长的就没有治疗意义了。如果已经发病必须灌根和喷施同时进行，效果快，恢复好。

39. 番茄果实长有小疙瘩及近圆形的小青褐色斑点，这是什么病，用什么药防治？

这是番茄疮痂病，属于细菌性病害。可用抗生素或铜制剂喷雾防治，如新植霉素、链霉素、中生菌素等，也可用铜制剂如铜高尚或噻菌铜等进行防治；另外可用达科宁 35 克加医用链霉素 3 支加医用土霉素 20 片，兑水 20 千克喷雾，也可有效控制该病危害，该处方也可兼防真菌性病害。

40. 番茄溃疡病有什么危害，怎么防治？

番茄溃疡病是一种毁灭性病害，自 1985 年在北京市发现后，已相继在内蒙古、山西、河北、黑龙江、吉林、辽宁等省、自治区发生危害。严重发病的地块番茄减产达 25%～75%。我国已将其列为检疫对象以防止和控制病害的发生蔓延。

症状特点：番茄幼苗至结果期均可发生溃疡病。叶、茎、花、果都可以染病受害。

（1）幼苗期 多从植株下部叶片的叶缘开始，病叶发生向上纵卷，并从下部向上逐渐萎蔫下垂，好似缺水，病叶边缘及叶脉间变黄，叶片变褐色枯死。有的幼苗在下胚轴或叶柄处产生溃疡状凹陷条斑，致病苗株体矮化或枯死。

（2）成株期 病菌由茎部侵入，从韧皮部向髓部扩展。初期，下部凋萎或纵卷缩。似缺水状，一侧或部分小叶凋萎，茎内部变褐色，病斑向上下扩展，长度可达一节至数节，后期产生长短不一的空腔，最后下陷或开裂，茎略变粗，生出许多不定根。在雨水多或湿度大时，从病茎或叶柄病部溢出菌脓，菌脓附在病部上面，形成白色污状物，后茎内变褐色而中空，全株枯死，枯死株上部的顶叶呈青枯状。果柄受害多由茎部病菌扩展而致其韧皮部及髓部呈现褐色腐烂，可一直延伸到果内，致幼果滞育、皱缩、畸形，使种子不

正常和带菌，有时从萼片表面局部侵染，产生坏死斑，病斑扩展到果面。潮湿时病果表面产生“鸟眼斑”，鸟眼斑圆形，周围白色略隆起，中央为褐色木栓化突起，单个病斑直径3毫米左右。有时许多鸟眼斑在一起形成不定型的病区。鸟眼斑是番茄溃疡病病果的一种特异症状，由再侵染引起，不一定与茎部系统侵染同发生于一株。

防治措施：

①加强检疫，严防病区的种子、种苗或病果传播病害。

②种子用55℃热水浸种25分钟，后用新高脂膜拌种，能驱避地下病虫，隔离病毒感染，不影响萌发吸胀功能，增强呼吸强度，提高种子发芽率，播种后及时喷施新高脂膜800倍液保温保墒，防止土壤结板，提高出苗率。

③选用新苗床育苗，如用旧苗床，需每平方米用40%甲醛30毫升喷洒，盖膜4～5天后揭膜，晾15天后播种。

④与非茄科作物轮作3年以上。

⑤加强田间管理，及时中耕除草，平衡水肥，追肥要控制氮肥的施用量，增施磷钾肥。适时通风透光，有利于番茄生长，提高抗病性。避免雨水未干时整枝打杈，雨后及时排水，及时清除病株并烧毁。适时喷施促花王3号抑制主梢旺长，促进花芽分化，提高植株的抗病能力。在开花前、幼果期、果实膨大期各喷施一次果宝，可提高授粉质量，增强循环坐果率，使番茄连年稳产优质。

⑥土壤消毒：每亩用47%加瑞农可湿性粉剂200～300克，在移栽前2～3天或者盖地膜前地面喷雾消毒，每亩用水量60～100千克，对病害起到很好的预防作用。

41. 番茄盛果期的幼果表面出现褐色病斑，稍凹陷，剖开病部里面也变褐色，这是什么病？怎样防治？

这是筋腐病，属生理性病害，主要是施肥不当，氮肥过多，微量元素缺乏造成的。这些病果着色不匀，出现花皮，果肉变硬，品质差，应及时摘掉。同时，叶面喷洒含有氨基酸和硼、铁、锌的叶面肥，隔 5～7 天喷 1 次，连喷 2～3 次。

42. 番茄顶部心叶水渍状、发黑、腐烂，是什么病？怎么防治？

番茄顶部心叶干叶尖、干叶缘，一般是由于缺钙、硼元素引发的生理性病害，在湿度大的情况下，进一步感染细菌性病害，造成叶尖、叶缘水渍状软腐。建议使用硼、钙微肥叶面喷施 2～3 次，同时混加硫酸链霉素或新植霉素或龙克菌防治。

43. 番茄已结果，不少植株叶片从底部卷叶成筒状，并且出现黄化，这是什么原因？如何防治？

这是番茄的生理性卷叶病。主要是高温、干旱、营养不良造成的。应注意降温、适时浇水，如果叶片黄化，可以叶面喷肥，如含有氨基酸、钙、硼、锌、镁的叶面肥，既能防止卷叶，又能促使果实膨大。

44. 番茄植株顶部叶片全部出现卷曲、皱缩，这是什么病？

这是激素中毒所致。番茄棚内使用 2,4－D 蘸花，使用量在番茄植株内积累到一定程度，就会出现激素中毒症状，用甲壳素或芸薹素内酯喷雾，即可缓解。

45. 有些番茄果实发育不大，内部变绿色，味很酸，是什么原因？

这种果实为绿腔果，是在果实成熟时，果腔呈绿色，果内浆液酸度大，严重的果中心有一硬化的木质。诱发原因是土壤较长时间

干旱，所以要及时供水，并注意果实膨大期钾肥的用量要高过氮肥的用量，因为果实生长期中氮高钾低的供肥方式使产量难以提高，也会使绿腔果发生更趋严重。

46. 番茄黄白苗是怎么引起的？如何防治？

个别苗全身黄白为遗传缺陷，应拔除不用。也有的属病毒病危害，也应拔除换好苗。另外，大部分番茄黄白苗是由于土壤黏重降低了秧苗吸收铁肥的能力造成的，尤其是浇水后黄白苗更严重，应该采用叶面喷施的方法补充含锌含铁的叶面肥。

47. 番茄膨果期管理技术要点有哪几个方面？

进入膨果期，番茄果实生长发育所需求的营养就进入了高峰期，确保充足的营养供应是番茄膨果期管理的重中之重。

营养分为有机营养和无机营养，有机营养是指光合作用制造的有机产物；无机营养即矿物质营养，也就是根系吸收的肥料。这两方面的营养都要充足，体现在生产管理上：

一是水肥供应要充足。现阶段是番茄增重增产的好时机，因此应加强水肥管理，可每次每亩冲施乐宝（20：10：30）5～7.5千克，补充果实发育所需的养分，视天气情况，10天左右冲施一次即可满足需要。此期要求水肥充足，但绝不能大水大肥，以免造成根系受伤。提倡用全水溶性肥料、生物菌肥配合，其道理也在于此。

二是防好叶部病害，合理疏枝、打叶，保证叶片的光合效率。郁闭的叶片不仅影响叶片的光合效率，增加营养消耗，还会加大感染病害的概率。

该期危害番茄的主要病害有灰霉病、叶霉病、晚疫病和细菌性病害。对于灰霉病，常暴发于连阴天后，管理上一定要注意连阴天前后的预防，可采用熏施百速烟剂与喷施扑海因、和瑞、农利灵等相结合的方法进行防治；对于叶霉病，可用加瑞农、氟菌唑、腈菌唑等药剂进行防治，且要确保喷严喷透；对于晚疫病，可用普力克、金雷、烯酰吗啉等药剂进行防治；对于细菌性病害，可用链霉素、中生菌素等配合铜制剂进行防治。

48. 温室番茄怎样喷施叶面肥？

一是要根据番茄的生长情况确定营养的种类。一般来讲，结果前期，植株生长比较旺盛，易徒长，应少用促进茎叶生长的叶面营养。可选用磷酸二氢钾、复合肥等。结果盛期，植株生长势开始衰弱，应多用促进茎叶生长的叶面营养来促秧保叶，可选用尿素、糖、稼棵安等各类叶面专用营养液。

二是要根据天气情况确定营养的种类。阴雪天气，温室内的光照不足，光合作用差，番茄的糖分供应不足，叶面喷糖效果比较好。

三是叶面及时喷施钙肥。番茄果实生长需要较多的钙，土壤供钙不足时，果实容易发生脐腐病。因此，在番茄结果期主张喷施氯化钙、过磷酸钙、氨基酸钙、补钙灵等钙肥以满足番茄对钙素的需要。

四是番茄叶面施肥的间隔时间要适宜。番茄叶面施肥的适宜间隔时间为 5～7 天。其中叶面喷施易产生肥害的无机化肥间隔时间应长一些，一般不短于 7 天，有机营养的喷施时间可适当短一些，一般 5 天左右为宜。

五是番茄叶面施肥应注意与防病结合进行。温室内冬春季节叶面施肥往往会造成保护地内空气湿度明显增大，易引起番茄发病。因此连阴天叶面喷施肥料次数要少，施肥时加入安泰生、杜邦易保等保护性杀菌剂，并在施肥后进行短时间通风以减少发病率。

六是叶面肥使用不当。发生伤叶时，要用清水冲洗叶面，冲洗掉多余肥料，并增加叶片的含水量，缓解叶片受害程度。土壤含水量不足时，还要进行浇水，增加植株体内的含水量，降低茎叶中的肥液浓度。

49. 番茄怎样进行催熟?

(1) 催红不宜过早 一般在果实充分长大时催红效果最好。若果实还处在青熟期，未充分长大，急于催红易出现着色不均的僵果现象。

(2) 药剂的浓度不宜过高 番茄催红大多使用40%乙烯利，每50毫升乙烯利加水4千克，混合均匀后使用。如药液浓度过高，会伤害植株基部叶片，使叶片发黄，产生明显的药害症状。

(3) 每次每株催红果实的数量不宜太多 单株催红的果实一般每次1～2个。因为单株一次催红果实太多，植株受药量过大时易产生药害。

(4) 药液不宜沾染叶片 如果药液沾染叶片，就会导致叶片发黄凋落。

(5) 催红的具体做法 用小块海绵浸蘸药液，涂抹果实的表面。也可戴上棉纱手套浸蘸药液，涂抹果实表面。

50. 拱棚西瓜怎样进行水分管理?

一般来说，西瓜幼苗期需水量一般较少，前期一定要采取控水蹲苗的措施，以促进根系下扎和健壮。伸蔓期对西瓜水分管理应掌握促控结合的原则，保持土壤见干见湿。西瓜进入开花结瓜期后，对水分较敏感，如果此期水分供应不足，则雌花子房较小，发育不良；如果供水过多，又易造成茎蔓旺长，同样对坐瓜不利。因此此期应以保持土壤湿润为宜。西瓜膨瓜期是需水较多的时期，应加大浇水量，拱棚西瓜应分阶段浇水。

(1) 定植阶段 幼苗移栽7天后，应及时浇缓苗水，以促进缓苗。

(2) 伸蔓阶段 伸蔓期植株需水量增加，当西瓜“甩龙头”即出现主蔓和侧蔓后，采取膜下暗灌的方法补充水分，水量不宜过大。

(3) 膨瓜阶段 膨瓜阶段一般浇水3次，如第一次定瓜水在西瓜授粉后10天左右浇。之后避开西瓜鹅蛋大小时的易裂瓜期，待西瓜碗口大小时再浇一次膨瓜水。在西瓜转色前再浇一次收瓜水，这次浇水要足，因为这一水浇后直至收瓜前不再浇水。这3次浇水量要足，并随水冲施高钾肥，以促进膨瓜。

51. 西瓜怎样进行整枝？

西瓜伸蔓后要及时搬根，将西瓜秧向同一方向按倒（向东或向西），在根背侧培土拍实，使瓜秧向同一方向伸展。由于分枝对加强根系的发生和发展及促进开花数目及光合作用都有一定好处，因此采取三蔓整枝的方法进行整枝。即留住主蔓和基部健壮的两个侧蔓，将其余侧蔓全部去掉。3条蔓上都留有一个瓜。瓜后留7～8片叶，打去顶尖。当瓜有鸡蛋大小确保能坐住瓜时，从3个当中选1个生长良好、瓜形正的瓜，其余2个摘掉。整枝应结合大通风时进行。当侧蔓10～15厘米时及时打杈，一般在下午进行。打杈时结合去掉卷须。

52. 小拱棚西瓜怎样进行通风管理？

定植后当天马上闭棚保温，一般定植后3天内不通风，但温度太高时也要通风。以后天气变暖，棚温升高，逐渐通风，保持棚内温度最高不超过35℃，若温度过高会影响花芽分化，每日当棚温达到30～35℃时，便可及时通风降温。通风方法是：开始时把拱棚一头揭开，由于棚比较长，南侧的通风口也应打开几个。天暖后棚两头都揭开，棚北面的通风口也要打开。每日通风应掌握由小到大的原则，否则易闪苗。随天气转暖加大通风量，放大和增加通风口，延长通风时间。但不要在天冷时从迎风侧开口放风，以防冷风吹入伤苗。前期一般采取一日内晚放风、早停止，后期早放风、晚

停止。当平均气温达到18℃以上时，可昼夜揭开通风。

53. 西瓜苗期管理有何技术要点？

西瓜播种后到出苗，白天适宜温度30～35℃，夜间适宜温度18～20℃，白天不超过35℃时不通风，经过7～8天后幼芽出土。到第二片子叶展开、第一片真叶顶心时，可在中午通风，白天保持室温20～25℃，夜间14～16℃，经5～6天后，第一片真叶展开到定植前7～10天，要提高温度到25～30℃，以促苗迅速生长。出现4～5片真叶时，就需降温炼苗，把温度降低到15～20℃，在定植前还可进行2～3天4～8℃的低温锻炼。苗床早揭晚盖，增加光照时间；苗出土后达到所需最高温度时，应于背风处支缝放风降温，降到所需温度低点时，及时盖严保温；一般不浇水，如床土落干、叶片浓绿显旱时，可适当喷水造墒。定植前5～7天选择晴暖天气结合浇水喷施一遍叶面肥，一般用0.2%～0.3%尿素或0.2%～0.3%磷酸二氢钾进行叶面喷施。

54. 大棚西瓜怎样进行水肥管理？

大棚西瓜前期浇水不宜过大。一般在缓苗后，如地不干，可以不浇水；若过干时，可顺沟灌一次透水。此后保持地面见湿见干，节制灌水，提高地温，使瓜秧健壮。

在伸蔓期，插支架前，可灌2次水。水量适中即可。开花坐果期不浇水，以防止徒长和促进坐瓜，幼瓜长到鸡蛋大小后，进入膨瓜期，可3～4天浇一次水，促进幼瓜膨大。

大棚西瓜在支架栽培情况下，可在支架前，大棚内小拱棚撤除后，在瓜垄两侧开浅沟施用氮磷复合肥20千克/亩，硫酸钾5～10千克/亩，以促进伸根发棵，并为开花坐果打下基础。

幼瓜坐住后，长至鸡蛋大小时，再亩施（结合灌水冲施）复合肥20千克，促进长瓜。

果实定个后，可用0.3%磷酸二氢钾叶面追肥1～2次。在采收二茬瓜情况下，可在二茬瓜坐住、头茬瓜采收后再追施氮磷钾三元复合肥15千克/亩。

55. 保护地秋冬茬甘蓝选用什么品种好？

秋冬茬应该选择冬性强不易未熟抽薹、耐寒性好、品质优的品种。适合秋冬茬栽培的甘蓝品种主要有精选8398、中甘11、庆丰、中甘21等。

56. 秋冬茬甘蓝什么时候播种最好？

秋冬茬甘蓝于9月初在冷棚播种育苗，二叶一心分苗，10月中旬定植（苗龄50天左右）。1月底到2月初采收上市。采收上市期正处于春节前后，价格高，效益好。

57. 怎样防止甘蓝未熟抽薹现象的发生？

甘蓝未熟抽薹主要发生在春季，为了争取春甘蓝的早熟、丰产，而又防止未熟抽薹，主要采取以下措施：

（1）选择冬性强的品种 精选8398、中甘11、中甘21等冬性强、不易发生未熟抽薹的品种。

（2）春季适当晚播 幼苗达不到通过春化阶段的大小，即使遇到低温也不会发生未熟抽薹。

（3）加强定植后的管理 定植后注意蹲苗，防止植株生长过旺延迟抱球而发生抽薹。

58. 怎样防止甘蓝裂球的发生？

早春保护地甘蓝易发生叶球开裂，不仅影响甘蓝的外观品质和

商品性，还易感染病害，影响储藏和运输。据试验，甘蓝裂球不但与品种有关，而且与水分过多有关，但与肥料基本无关。若水分不足，甘蓝结球小；若水分过多，易造成叶球开裂。因此，在栽培管理上应加强如下措施：

①选用耐裂球的品种，如精选 8398、中甘 21 等。

②科学浇水，据土壤和苗情按要求灌水，苗期需水较少，结球期需水较多，土壤相对含水量应保持在 75％～85％。

③适时收获，甘蓝收获过晚易裂球，因此，即使在市场价格不好的情况下，也应适时收获。

59. 适宜保护地栽培的生菜和苦苣品种有哪些？

适宜保护地栽培的生菜品种有绿菊、绿梦和美国大速生；苦苣品种有菊花苦苣和碎叶苦苣。这几个品种品质好、价格高，而且定植后 45～50 天即可采收上市。

60. 辣椒果一直不长，有的畸形没有籽，有的形成大头果，最后形成僵果，这是什么原因造成的？如何防治？

这是典型的低温障碍。在生产中遭遇持续阴天、多雾、温度偏低，导致辣椒授粉不良，没有种子而形成空洞果、畸形果或僵果。

防治方法：摘除空洞果和长势不良的辣椒果实，加强田间管理，促进重新坐果。注意调控好棚内温湿度，白天保持 25～28℃，夜间 15℃左右，同时喷施含有氨基酸和硼、锌的叶面肥，促使生长。

61. 因阴雨天气过多，导致辣椒落花落果严重，用什么方法解决这个问题？

阴雨天辣椒落花落果是低温弱光造成的，重点应放在增光保温上，除早揭晚盖延长光照时间外，还应勤擦棚膜上的尘土，要尽量避免大棚下半夜温度过低。另外，可用萘乙酸6 000倍液混合芸薹素内酯1 000倍液喷花和幼果，促进植株生长。

62. 辣椒落花落果严重，用防落素抹果柄后顶端嫩叶皱缩细长不长，这是什么原因？需要采取什么措施？

这是典型的激素中毒。辣椒对防落素、2,4-D等激素药物比较敏感，在辣椒生产中应该禁止使用。落花落果主要是遇到阴天，光照不足，导致授粉不良造成的。对于已经出现激素中毒的辣椒，可用0.1%芸薹素内酯15毫升，兑水15千克，连喷2～3次。如果坐不住果，可用1.4%爱多收5 000倍液喷洒即可。

63. 辣椒下部已经结果，上部只开花不坐果，这是什么原因造成的？怎样防治？

这是生理性病害。造成这种现象的主要原因有：一是辣椒下部坐果较多，导致上部开的花营养供应不足；二是低温障碍，棚温、地温较低，影响养分制造和供应，造成落花落果。

防治方法：①注意调控好棚温，白天保持在25～30℃，夜间15℃左右，有利于开花坐果。②叶面喷施1.4%爱多收5 000倍液，隔5天左右喷1次，连喷2～3天即可。

64. 温室辣椒苗定植后，顶部的叶片突然变成了白褐色，带光亮，看似药害，长势缓慢，这是什么病？怎样造成的？如何防治？

这是因为刚移栽的辣椒苗放风闪了苗，不是药害，也不是病害。

防治方法：一是辣椒定植并缓苗后，不可放风过大，应尽量保持棚温稳定，白天保持25～30℃，夜晚15℃左右；二是用含氨基酸、硼、镁、锌的叶面肥进行叶面喷施，每7天1次，连喷2～3次，促进秧苗恢复正常生长。

65. 大棚辣椒结过一批椒后，植株转入旺长而不结椒，是什么原因造成的？

植株旺长不结椒，温度偏高可能是原因之一，其他条件如密度大，氮肥多，水多也常是诱因。辣椒不耐高温，棚室温度偏高时容易造成落花落果，棚温太低也会有影响，所以应注意棚中温度白天25～28℃，不能高于32℃，夜间15～18℃为好，同时应加强水肥管理，注意平衡施肥及科学合理灌水，改善通风透光条件。

66. 辣椒正在盛果期，果实出现灰白色的病斑，水渍状，发软而不腐烂，这是什么病？怎样防治？

这是辣椒脐腐病。主要是气温偏高，水分供应不及时，导致缺钙影响水分的吸收而造成的。

防治方法：一是适时浇水，防止干旱，做到土壤见湿不见干；二是叶面喷施含有钙的叶面肥，隔5～7天喷1次，连喷2～3次即可。

67. 辣椒发生脐腐病后多次喷施钙肥，为什么不见效？

辣椒脐腐病发生的原因是生理性缺钙，一旦得病喷施钙肥往往于事无补。脐腐病发生的诱因是由于阶段性干旱或根系不好，吸收能力下降是关键因素，应抓紧浇水一次。有条件的结合浇水可冲施少量钙肥，即使不冲钙肥，通过浇水也能迅速缓解症状。

68. 辣椒幼果刚开始谢花到花生米粒大时发生脱落，是什么原因？

这是辣椒的生理性落果。主要原因有以下几点：一是植株太旺，养分大量供应茎叶，果实得不到充足的营养而落果；二是田间郁闭，通风透光不良引起落果；三是低温弱光或高温引起落果；四是沤根或干旱引起落果；五是中下部留果太多，引起上部幼果营养不良而落果。

69. 辣椒有的是三杈分枝，有的是二杈分枝，哪一种好？有办法控制分杈数吗？

辣椒植株三杈分枝好还是二杈分枝好，要看栽培要求。三杈分枝的植株发展成圆头状的株型，适于植株较矮的品种，如果植株高大，则中后期易造成群体光照不良，中下部叶片受光差，进而影响到产量和质量。二杈分枝适用于植株高大的品种，因二杈分枝容易整成平头的株型，相对光照好，植株高大时光照要比圆头状的分杈好得多。

控制分杈的多少应以人工抹芽去杈为主。在育苗期 3 片真叶时，适当降低夜温，增大昼夜温差，会明显使三杈枝苗增加。

70. 萘乙酸钠能治辣椒不坐果吗？怎么施用？

辣椒如果生长基本正常，坐果不良时，可以用约合纯品 20 万倍的萘乙酸钠药液喷整个植株。如果生长特别旺盛，引发长时间不坐果，则应把浓度提高到 30 毫克/千克，约合纯品 3 万倍液使用。喷过药的植株叶片会下垂，花蕾也会脱落，但抑制旺长后会很快开花坐果。

71. 大棚辣椒落花落果的防治措施有哪些？

大棚辣椒落花落果是发生极为普遍的现象，落花落果的原因很多，但综合起来主要是由营养不良、不利的气候条件和病虫危害等因素而造成。

（1）营养不良　由于栽培管理不当，如栽培密度过大或氮肥施用过多，而造成植株徒长，营养生长和生殖生长失去平衡，使辣椒花、果营养不足而脱落。大棚栽培中，辣椒较易徒长，因此落花落果是常见的现象。

（2）不利的气候条件　冬春季大棚中经常遇到光照不足、温度偏低（低于15℃）的天气，影响辣椒授粉，即使授粉，果实也发育不良，易脱落，这在雨雪天气时表现更突出。春末夏初及秋初，大棚内经常出现35℃以上的高温，造成辣椒花器发育不全或柱头干枯，不能授粉而落花。大棚内通风不良，湿度过大时，辣椒花不能正常散粉，使授粉受精难以完成而造成落花落果。辣椒怕涝，田间积水数小时就可使其根系窒息，叶片黄化脱落，植株落花落果，重者整株死亡。

（3）病虫危害　辣椒发病后，如发生病毒病、炭疽病、叶枯病后，也易引起落花落果。如辣椒感染病毒后，常出现死顶现象，造成落花落果；烟青虫、棉铃虫蛀果，也易造成辣椒落果。

防治辣椒落花落果应从加强栽培管理入手，主要是培育壮苗，适时定植，合理密植，科学施肥。定植后加强通风排湿，棚内白天温度保持在25～28℃，夜间15～18℃，开花期最低温度为15℃。棚内提倡膜下灌水，勿大水漫灌。通过科学的栽培管理，提高植株的抗逆能力，注意病虫害防治，除上述措施外，可用40～50毫克/升番茄灵、50毫克/升萘乙酸喷花或浸花，或用20～30毫克/升2,4-D涂抹花柄。

六、食用菌生产技术

1. 食用菌母种培养基的常用配方有哪些?

(1) 马铃薯葡萄糖琼脂培养基（简称 PDA 培养基） 马铃薯200克，葡萄糖20克，琼脂20克，水1 000毫升。

(2) 麦芽糖酵母琼脂培养基（简称 MYA 培养基） 麦芽糖20克，酵母2克，琼脂20克，大豆蛋白胨1克，水1 000毫升。

(3) 马铃薯葡萄糖酵母琼脂培养基（简称 PDYA 培养基） 马铃薯300克，葡萄糖10克，琼脂20克，酵母2克，大豆蛋白胨1克，水1 000～1 500毫升。

2. 扩繁食用菌原种，制作谷粒培养基的配方有哪些?

用小麦、大麦、稻谷、玉米、高粱等作原料，制作的培养基统称谷粒培养基。其配方可选用下列几种：

①小麦粒88%，米糠10%，石膏粉1.5%，石灰粉0.5%；40%胶悬剂多菌灵0.1%（用于浸泡麦粒）。

②稻谷50%，棉籽壳40%，麸皮8%，石膏2%；石灰粉0.5%（用于浸泡稻谷）。

③玉米粒100%；40%胶悬剂多菌灵0.2%（用于浸泡玉米粒）。

3. 没有琼脂时如何制作食用菌母种？

(1) 培养基配方及制作

配方 A：马铃薯 200 克，高粱 50 克，蔗糖 20 克。适用于平菇类食用菌。

配方 B：麦麸 200 克，木屑 50 克，豆饼 10 克。

配制方法：将主料加水 1 000 毫升，加热煮沸 15～20 分钟，用四层纱布过滤取汁，然后加入味精 0.5 克、维生素 2 片、磷酸二氢钾 2 克，拌匀煮沸溶解，得培养液 1 000 毫升，分装于 500 毫升的广口瓶内，每瓶装 100 毫升，用聚丙烯薄膜封盖瓶口，用手提式高压灭菌锅或家用压力锅灭菌 1 小时，放气后维持 35～40 分钟即可。

(2) 接种与培养

①接种。将培养基瓶置于接种箱或接种室内，常规灭菌。当瓶温冷却至 30℃以下时，按无菌操作接入菌种，每瓶接入 1～2 厘米^2 斜面菌种。接种时不要铲太厚的琼脂母种块，且气生菌丝朝上，凡沉入液底的菌种都应淘汰。

②培养。将接种瓶移入培养室或箱中，于 25℃左右温度下培养，3 天后检查，淘汰下沉的菌种，此时大多数菌丝已萌发，形状如洁白的鹅毛。6～7 天菌丝长满液面，再培养 3～5 天，液面形成 0.8 厘米厚的菌苔，即为液面菌苔菌种。

4. 怎样用液面菌苔菌种扩繁原种或栽培种？

当液面菌苔菌种长满后 3～5 天，摇动种瓶液体，菌苔不散，表明菌苔菌种已经成熟，可以进行分割接种原种和栽培种。原种的固体培养基可采用棉籽壳、木屑、粪草、谷粒等作基质，配制方法同常规。接种方法按无菌操作进行，先用无菌剪刀将液面菌苔剪碎成 0.5 厘米×（1～2）厘米的条状或块状，再用无菌镊子夹入原种或栽培种培养基中心。每瓶液面菌种可接35～50瓶原种或栽培种。培养方法同常规。

5. 怎样提高平菇的产量和质量?

为了提高平菇的产量和质量，除了利用优良的菌种、培养料、正确的管理外，还可采取如下措施：

(1) 搔菌 待平菇菌丝长满培养料后，把培养料表面用铁丝刷全面地或方格状、条状梳耙一下，特别是在采收2～3茬后，采用此法，可除去老菌丝。梳耙后再压实，保温保湿，可促使出菇整齐、迅速、一致。

(2) 加压 在菌床表面放若干小鹅卵石，对菌丝加重力刺激，石块周围可迅速出菇。

(3) 曝光 在原基形成期，及时给予散射日光或灯光刺激，可促使子实体迅速形成。

(4) 追肥 在子实体形成期，或采收一茬后，可喷1%维生素C水溶液、0.1%磷酸铵水溶液、0.5%葡萄糖水溶液、0.01%维生素B_1水溶液、上述溶液可单喷，也可混合喷，均有增产作用。

在培养料中加入2%硫酸铵，或0.4%酒石酸液，或1%消石灰，均可提高产量，促进早出菇。

6. 菌种生产中怎么做才能预防杂菌污染?

(1) 把好原料关 必须选用新鲜无霉变的原料。

(2) 用具工具的清洗 各种用具及生产工具都应保持清洁，尤其是玻璃器皿使用后要清洗干净。

(3) 进行消毒灭菌 消毒灭菌操作要按规程进行。

(4) 防止杂菌侵入 采取措施防止灭菌过程棉花塞受潮湿和菌袋搬运过程防止损伤破裂，防止杂菌侵入。

(5) 防止人为污染 接入菌种的操作过程，应按无菌操作规程进行，尽可能防止空气带菌污染和操作人员带菌污染。

(6) 控制适宜的培养温度和湿度环境 严防因堆积引起高温闷料和培养室内湿度过高，创造有利于菌种生长和不利于各种杂菌繁殖的环境条件。

(7) 使用适当的杀菌剂进行拌料处理 尤其是生料栽培或发酵料栽培时特别重要。

(8) 及时检查和妥善处理受污染的菌种瓶或菌种袋 早期发现后及时回锅灭菌可再接种利用，后期发现受污染严重的则集中深埋，防止病菌孢子扩散。

(9) 其他 菌种分离提纯时，用乳酸将培养料调成酸性或加入少量链霉素可抑制细菌污染而不影响菌丝生长，及时挑取菌种也十分重要。

7. 菌种生产及菌袋培养阶段容易感染的杂菌有哪些？

(1) 细菌污染 在菌种分离、提纯及转扩过程中常因细菌污染而失败报废，菌袋培养过程中培养料遭细菌污染和大量繁殖后，可导致培养料变质、菌丝生长受抑制或不能生长，并散发出臭味。引起污染的细菌主要有芽孢杆菌属和荧光假单胞杆菌属中的多种细菌。

(2) 放线菌污染 其菌落形态有点像真菌，局限生长，没有明显的菌丝，多呈粉状菌落，白色或灰白色。

(3) 绿霉菌污染 绿霉菌是半知菌亚门中的一类真菌，它是木霉菌属中的许多种木霉菌的总称。这类真菌大量形成分生孢子后，其菌落多呈绿色或墨绿色，菇农称之为绿霉菌。常见的绿霉菌包括哈茨木霉、绿色木霉、康氏木霉、拟康氏木霉、多孢木霉及长梗木霉等。

(4) 青霉菌污染 由半知菌亚门中的青霉属真菌引起的污染。

(5) 毛霉菌污染 毛霉菌是接合菌亚门中的一类真菌，又称为长毛菌。常见的种为大毛霉、总状毛霉及次囊毛霉等。

(6) 根霉菌污染 根霉菌是接合菌亚门中的一类真菌，又称为黑根霉菌。常见的种为黑根霉、米根霉等。

(7) 曲霉菌污染 曲霉菌的种类较多，常见的有黄曲霉、黑曲霉及杂色曲霉等。

(8) 链孢霉菌污染 链孢霉菌又称为红粉霉，学名好嗜脉孢霉。

(9) 黑霉菌污染 黑霉菌学名链格孢霉，属半知菌亚门。

(10) 酵母菌污染。

8. 金针菇生料栽培的病虫害如何防治？

(1) 常见的杂菌病害

①细菌性根腐病。病原菌为肠杆菌。侵染初期，在培养基表面，菇丛中浸出白色混浊的液滴，使菇柄很快腐烂，褐变成麦芽糖色，最后呈黑褐色，发黏变臭。防治的主要方法是禁止将水喷到菇体上。一旦发病，立即采收，对菌床喷施1%多菌灵处理。

②霉菌污染。冬季生料栽培，金针菇危害最严重的为木霉和青霉。菌床发生霉菌污染后，尽快挖除带菌的培养基。加强菇床通风，出菇期间禁止把水喷到菇体上。

(2) 常见害虫有菇蚊、菇蝇和螨类 这些害虫多发生在生产后期，防治方法是生产后期在菇房内预防性地喷施一些杀虫剂、杀螨剂。

(3) 病虫综合防治措施

①低温栽培。金针菇是低温结实类菌类，低温栽培是防治病虫害最重要的手段。

②低湿养菌。拌料时掌握好料水比，菌丝生长期间培养室空气湿度要适合，出菇期间不要将水喷到菇床上，这些低湿培菌措施可使菌丝生长旺盛，菇体生长健壮，而杂菌得到控制。

③添加营养物质。添加麦麸、玉米粉、米糠等营养物质，低温栽培，菌丝占床快。但如果环境温度超过 15℃就不要添加上述营养物质。

④加强通风管理，同时使用优质、新鲜的菌种也是重要措施。

七、病虫草害防治技术

（一）水稻病虫草害防治技术

1. 水稻播后苗前除草，怎样进行土壤处理？

对于直播田，在水稻催芽播种1～4天后，每亩用40%丙·苄可湿性粉剂40～60克，或30%丙草胺乳油100～120毫升，兑水40千克均匀喷雾。

对于旱育秧田，播种、盖土后，每亩用60%丁草胺乳油75～100毫升，兑水50千克均匀喷雾，喷药时应保持土壤湿润以确保防效。

2. 水稻苗后怎样施用除草剂？

用药原则是依据杂草类型和秧苗状况，采用不同的除草剂进行处置。

（1）以阔叶杂草、莎草为主的秧田 每亩用10%吡嘧磺隆可湿性粉剂10～15克，兑水40千克喷雾，施药时秧田需保持浅水层，并保水5～7天。或在杂草长至3～4期，每亩用48%苯达松水100毫升，兑水40千克喷雾。

（2）以稗草、阔叶草、莎草混生或以稗草为主的水秧田 在秧苗三叶期，可用35%灵秀可湿性粉剂50克，兑水45千克喷雾，

施药时排干田水，药后一天复水，并保水5～7天。

（3）以稗草、阔叶草、莎草科杂草为主的直播田 于直播水稻二叶一心期后，稗草2～5叶期，每亩用30%秧田一次净可湿性粉剂40克，兑水50千克均匀喷雾，施药前排干田水，药后1～2天灌水入田，并保持3～5厘米水层5～7天。

3. 水稻本田杂草化学防治技术有哪些？

（1）以稗草、慈姑、牛毛毡为主的移栽田 可在杂草发生初期进行化学防治，每亩用60%丁草胺乳油150毫升加10%苄嘧磺隆可湿性粉剂15克，于移栽后7～10天用药土法施药，保水5～7天。

（2）以稗草、节节草、四叶萍、鸭舌草为主的移栽田 每亩用10%吡嘧磺隆可湿性粉剂10克，于移栽后7～10天用药肥法施药，保水7天。

（3）以稗草、莎萍、慈姑、牛毛毡为主的移栽田 每亩用50%二氯喹啉酸可湿性粉剂25克加48%苯达松水剂100毫升，在稗草2～3叶期，茎叶喷雾处理。施药前要排净田水，48小时后再放水回田，并保水3～5天。

4. 稻田水绵对水稻生长影响严重，可以采取哪些措施科学防治？

水绵发生初期，每亩用10%环丙嘧磺隆可湿性粉剂20～25克，拌20～25千克细土或细沙撒施，也可兑水30～40千克均匀喷雾，施药时要求有水层3～5厘米，施药后保水5～7天；或每亩用96%硫酸铜晶体250克，用纱布袋装好，放于进水口，使药物随水流入田间。

水稻移栽后4～10天，每亩用15%乙氧嘧磺隆分散性粒剂7～12克，拌细土25千克，均匀撒施到有3～5厘米水层的稻田，药后保水 7～10 天；也可在移栽后 10～20 天排干田水，用上述药量兑水 30～40 千克喷雾，药后灌水至 3～5 厘米深，保水 7～10 天。

5. 什么是稻瘟病?

水稻稻瘟病又名稻热病，俗称火烧瘟，稻瘟病是水稻四大重要病害之一，危害水稻各部分，在水稻整个生育期都发生。

由于气候条件和品种抗病性不同，病斑分为 4 种类型。

①慢性型病斑。开始在叶上产生暗绿色小斑，渐扩大为梭形斑，常有延伸的褐色坏死线。病斑中央灰白色，边缘褐色，外有淡黄色晕圈，叶背有灰色霉层，病斑较多时连片形成不规则大斑，这种病斑发展较慢。

②急性型病斑。在感病品种上形成暗绿色近圆形或椭圆形病斑，叶片两面都产生褐色霉层，条件不适应发病时转变为慢性型病斑。

③白点型病斑。感病的嫩叶发病后，产生白色近圆形小斑，不产生孢子，气候条件利其扩展时，可转为急性型病斑。

④褐点型病斑。多在高抗品种或老叶上，产生针尖大小的褐点且只生于叶脉间，较少产孢，该病在叶舌、叶耳、叶枕等部位也可发病。

6. 稻瘟病各阶段症状有哪些?

(1) 苗瘟　发生在 3 叶期以前。在幼苗基部出现水渍斑点，病部变灰色，病部以上呈黄褐色卷缩，重病株将枯死。

(2) 叶瘟　病斑有慢性、急性、白点和褐点 4 种类型。慢性型发病部位为叶片，病斑梭形，中央灰白色，边缘褐色，外围有黄色晕圈，两端有向外延伸的褐色坏死线。霉层出现于病斑背面。病斑多时导致叶片干枯。急性型病斑暗绿色，圆形或不规则形，病斑正反面均密生霉层。温湿度适宜时易流行，天气转晴干燥时可转变为

慢性型。白点型病斑为近圆形白色小点，不产生分生孢子，遇适宜条件可迅速转变为急性型。褐点型病斑呈黄褐色小点，多局限于叶脉间，不产生分生孢子，多发生在抗病品种或下部老叶。

(3) 节瘟 多发生在穗颈以下1～2节上，先变褐色小点，后环绕节部扩展，整个节部凹陷，易折断。

(4) 穗颈瘟 发生在穗颈、穗轴和枝梗上。病斑灰褐色，逐渐向上、下扩展，严重时形成白穗。

(5) 谷粒瘟 发生于谷粒或护颖上，发病早的病斑为褐色或黑褐色，椭圆形，中央灰白色，谷粒形成灰白色的秕谷；发病晚的病斑为褐色，椭圆形或不规则形，严重时，谷粒不实，籽粒变黑，护颖发病变为淡灰或黑色。

7. 稻瘟病的发生规律有哪些？

病菌在病谷、病稻草上越冬。播种病谷可引起苗瘟。在北方6～7月降雨后，病稻草上可产生大量分生孢子，随气流传播至稻田，引起叶瘟。病叶上的病菌可进行再侵染，相继引起其他器官发病，甚至造成稻瘟病流行。水稻生长期间阴雨多雾，长期深灌，利于稻瘟病的发生。偏施、迟施氮肥以及稻田郁闭、光照不足，能使水稻组织柔弱，稻株抗病力降低。

8. 稻瘟病应怎样防治？

(1) 农业防治 首先选用抗病品种，并做到合理布局。育秧前彻底处理病稻草、病谷壳，禁止把旧稻草带进田内。加强水肥管理，施足基肥，早施追肥，不偏施、迟施氮肥，适当施用硅酸肥料，增施磷、钾肥。以水调肥，促控结合；苗期浅灌，分蘖期炼苗晒田，后期保持干湿交替，促进水稻健壮生长，提高抗病力。

(2) 药剂防治 可用2%福尔马林浸种，即先将种子用清水浸泡1～2天，取出稍晾干，随后放入药液中浸种3小时，再捞出用清水冲洗后催芽播种，可预防水稻多种病害。防治叶瘟要在发病初期用药，防治穗瘟可在抽穗前和齐穗期各喷一次药。每亩可用40%富士一号乳油55～70毫升，或40%异稻瘟净乳油150毫升，或20%三环唑可湿性粉剂100克。

9. 水稻纹枯病有哪些症状？

水稻纹枯病又称为水稻云纹病，水稻苗期至穗期均可发病，抽穗前后危害最重，主要危害叶片和叶鞘。叶鞘发病，先在近水面处产生暗绿色水渍状小斑，逐渐扩展成边缘褐色、中央灰白色的椭圆形大斑，病斑常呈云纹状。受害严重时叶鞘干枯，上面的叶片随之枯黄，剑叶叶鞘受害重时，稻株不能正常抽穗。病菌由叶鞘可继续侵染茎部，病茎易贴地倒伏。叶片发病与叶鞘病斑相似，稻穗发病后病穗呈墨绿色水渍状，后期变为灰褐色，造成结实不良，甚至全穗枯死。

10. 水稻纹枯病的发病规律是什么？

稻田郁闭、高温高湿利于发病。当气温在25～30℃，湿度达到饱和时最易发生水稻纹枯病。北方稻区7～8月是发病高峰。水稻连作，田间残留菌核量大，发病重。

11. 如何防治水稻纹枯病？

（1）选用抗病品种

（2）加强水肥管理　增施有机肥和磷、钾肥，采用配方施肥技术，使水稻前期不披叶，中期不徒长，后期不贪青。

（3）药剂防治　防治适期为分蘖末期至抽穗期。分蘖末期丛发病率达5%～10%，孕穗期丛发病率达10%～15%时，要进行防治。每亩可用5%井冈霉素水剂100毫升，或75%纹枯灵悬浮剂50毫升，或40%菌核净可湿性粉剂200克，兑水50千克喷雾防治。

12. 水稻胡麻斑病危害症状是什么？

水稻苗期至成株期均可发生水稻胡麻斑病，以叶片受害最为普遍。秧苗受害，叶片和叶鞘上出现椭圆形或近圆形褐色病斑，秧苗易干枯死亡。成株期叶片受害，病斑初为褐色小点，扩大后成为芝麻粒大小的褐色斑，病斑上隐见轮纹，周围有黄色晕圈，老病斑的中央呈黄褐色或灰白色。严重时叶片上病斑密布，终至叶片早枯。谷粒受害，发病早者整个谷粒呈灰黑色，发病晚者病斑较小，形状、色泽与叶部病斑相似。潮湿时，病部均可产生黑色霉层。

13. 水稻胡麻斑病有什么发病规律？

水稻胡麻斑病病菌在病谷、病稻草上越冬。翌年播种病谷后，种子上的病菌可直接侵染幼苗。病稻草上越冬病菌产生的分生孢子可随气流传播，进行初侵染。病部产生的分生孢子可进行再侵染，使病害扩展蔓延。沙质土、酸性土易发病。土壤瘠薄的地块，特别是土壤缺钾时最易发病。田间缺水或长期积水等都是诱发因子。

14. 水稻胡麻斑病的防治方法有哪些？

药剂防治方法与稻瘟病相同。另需改良土壤，沙质土壤应增施有机肥；酸性土壤要施用适量石灰，以促进有机物质正常分解，改变土壤酸度。

15. 什么是稻曲病？

稻曲病又称黑穗病，只发生在穗部，危害部分谷粒。发病初期在颖壳内形成菌丝块，随着菌丝块的增大，从内、外颖壳合缝处逐渐露出黄绿色块状孢子座，后转变成墨绿色。孢子座近球形，包裹颖壳，体积可达健粒数倍。最后孢子座表面龟裂，散布墨绿色粉末状物，带黏性，不易随风飞散。

16. 如何防治水稻稻曲病？

（1）种子消毒 用0.75%硫酸钾液浸种24小时，或用50%多菌灵1 000倍液浸种48～72小时。

（2）药剂防治 在抽穗扬花期遇雨日多、湿度大的天气，应在孕穗末期至破口期前及时喷药防治。一般每亩用50%多菌灵可湿性粉剂100克，或14%络氨铜水剂250克，兑水50千克喷雾。发病重的，则在始穗期开始喷药，间隔7～10天再喷一次。喷药要均匀，不留死角。

17. 什么是水稻白叶枯病？

水稻白叶枯病又称白叶瘟、地火烧。主要是危害水稻上面叶片。病斑从叶尖开始，沿叶脉或叶缘向下延伸。初期病斑暗绿色，渐变黄色，再变黄褐色，最后呈枯白色。严重时，全田叶片枯白，所以被称为白叶枯病。

18. 水稻白叶枯病的发病规律是什么？

带菌种子、带病稻草和残留田间的病株是主要初侵染源。细菌由叶片气孔、伤口侵入，形成中心病株，病株上产生的脓状物借风雨、露水、灌溉水、昆虫、人为等因素传播。低洼积水、洪涝以及漫灌可引起连片发病。高温高湿、多露、台风、暴雨利于病害流行。稻区长期积水、氮肥过多、生长过时、土壤酸性都有利于病害发生。

19. 水稻白叶枯病有什么防治方法?

(1) 严格实行检疫 保证病区带菌种子不调出，无病地区不引进病种子，以控制病害的传播和蔓延。

(2) 选用抗病品种

(3) 加强水肥管理 秧田不施未腐熟的厩肥，大田要施足基肥，及早追肥，巧施穗肥，不偏施氮肥，氮、磷、钾及微肥平衡施用。严防大水淹没秧苗，避免串灌、漫灌、深灌，杜绝病田水流入无病田，对易涝淹的稻田及时做好排水工作。

(4) 药剂防治 老病区秧田期喷药是关键，一般三叶期及拔秧前各施药一次。大田出现零星病株时进行。每亩用20%叶青双可湿性粉剂125克或25%叶枯灵可湿性粉剂300克，72%农用链霉素粉剂20克等兑水75千克喷雾，一般5～7天施药1次，连续2～3次。

20. 什么是水稻条纹叶枯病?

水稻条纹叶枯病也称假枯心，是一种病毒性病害，是由灰飞虱传毒感染发病。苗期发病，心叶基部出现黄白斑，后扩展形成与叶脉平行的黄色条纹，条纹间仍保持绿色。病苗心叶细弱卷曲，呈捻纸状；分蘖期发病，一般在心叶下一叶基部出现褪绿黄斑，后扩展形成不规则黄白色条斑；拔节后发病，仅在上部叶片或心叶基部出现褪绿黄白斑，后扩展成不规则条斑。受害早的多不抽穗；分蘖期发病的多为枯孕穗或穗小而畸形；拔节期发病的一般可结实，但穗小粒少。

21. 水稻条纹叶枯病的传播途径有哪些?

水稻条纹叶枯病主要随带毒灰飞虱在小麦、杂草上越冬。春季带毒的越冬灰飞虱在麦田或休闲田杂草上繁殖危害，在小麦生长后期便大量转移到水稻秧田或早栽一季稻本田，在水稻上繁殖危害数代后，于9月下旬天气凉爽时转移至麦田及周边杂草上越冬。

22. 怎样防治水稻条纹叶枯病?

水稻条纹叶枯病需进行系统防治，主要措施有以下几个方面。

(1) 农业防治

①选用抗病品种。

②适时播种。根据当地灰飞虱发生规律调整播种期，使水稻易感期错过灰飞虱迁飞高峰期。

③翻耕灭茬，铲除杂草。小麦或油菜收获后，及早翻耕灭茬；育秧前，彻底清除田边、沟边杂草，以减少传毒虫源。

④加强栽培管理。秧苗期防止徒长，培育壮秧；大田期做到促控结合，避免偏施氮肥，增施磷、钾肥，提高抗病力。

(2) 药剂防治

①药剂浸种是控制早期条纹叶枯病的重要措施之一。可用10%吡虫啉可湿性粉剂500～1 000倍液浸种48小时，随后进行催芽播种。

②喷雾防治。早稻、晚稻秧田分别平均有成虫18头/米^2、5头/米^2，本田平均每平方米有成虫1头时进行防治。可用吡虫啉等进行喷药防治。喷药时要连同田埂杂草和邻边同时喷药，组成保护带。药剂品种需交替使用，以免产生抗药性。

23. 水稻干尖线虫病有什么样的症状?

秧苗受害一般不表现症状，仅少数植株在4～5叶时表现症状。受害秧苗上部叶片的尖端2～4厘米处，逐渐卷缩形成白色或灰色的干尖，干尖扭曲，病健部界限明显。孕穗期发病，表现为剑叶或上部二三片叶的尖端1～8厘米处逐渐枯死，呈黄褐色或灰白色略

透明，扭曲而成干尖，与健部有明显褐色界线。潮湿时扭曲部位展开，呈半透明水渍状。发病重时，旗叶全部卷曲枯死，抽穗困难。

24. 水稻干尖线虫病怎样防治？

第一，加强植物检疫，严禁从病区调运种子。

第二，选用抗病品种，以减轻水稻干尖线虫病危害。

第三，种子处理，主要方法有以下两种：

①温汤浸种。先把稻种在冷水中浸24小时，然后放入45～47℃水中浸5分钟，再转入52～54℃温水中浸10分钟，冷却后催芽播种。

②盐酸液浸种。用盐酸0.25～0.3千克加水50千克稀释后，浸种72小时，用清水充分冲洗后，再催芽播种。

25. 水稻赤枯病的发病原因是什么？

水稻赤枯病是由于土壤缺钾而引起的一种生理性病害。一般多发生在耕作层浅的沙土田、漏水田和红黄壤水田。偏施氮肥往往会加重病害的发生，导致严重减产。中毒型赤枯病主要是由土壤通透性不良所引起的，一般多发生于长期浸水、泥层深的稻田，特别是绿肥过量或施用未腐熟有机肥的早稻田。

26. 水稻赤枯病的防治措施是什么？

（1）生理型赤枯病 应改良土壤，增施氯化钾、硫酸钾、草木灰等钾肥，采用配方施肥，避免偏施氮肥。

（2）中毒型赤枯病 应加强农田基本建设，平整土地，合理施肥和灌水，降低地下水位。对已发病的稻田，应立即排水，酌施石灰，再深耕细耘，轻度搁田，加速浮泥沉实和增强土壤通透性。

27. 怎样防治水稻二化螟?

水稻二化螟俗称钻心虫，是北方稻区的主要害虫。其幼虫钻蛀稻株，常常造成枯心、白穗，严重影响水稻产量。

(1) 农业防治 清理越冬场所，早春、秋后将水稻根茬、茎秆集中烧毁，减少越冬虫源。

(2) 物理防治 设置杀虫灯对成虫进行灯光诱杀。

(3) 化学防治 药剂防治一定要抓住防治适期，一般应在螟卵孵化高峰、幼虫蛀入水稻茎秆危害之前进行药剂防治。每亩用48%毒死蜱乳油60毫升，整个水稻生育期用药3～5次，间隔7～10天。

28. 怎样防治稻水象甲?

稻水象甲成虫主要啃食稻叶，沿叶脉取食叶肉，形成与叶脉平行的白条斑。幼虫钻食新根，造成秧苗缓秧慢，甚至死秧。首先防治越冬场所和秧田的越冬成虫，注意铲除田边杂草，春耕沤田时多耕多耙，使土中蛰伏的成虫、幼虫浮于水面，再集中销毁。其次在插秧后7～10天用药防治本田越冬代成虫和新一代幼虫。本田幼虫在插秧后3周左右危害前进行防治。可用20%三唑磷乳油1 000倍液，或50%杀螟松乳油800倍液，或90%敌百虫晶体600倍液喷雾。

29. 怎样防治稻飞虱?

稻飞虱是近年来发生比较严重的水稻害虫。可用以下几种方法进行防治。

(1) 农业防治 结合积肥清除田边杂草，减少虫源；合理安排作物布局，适当提早栽插，避开稻飞虱危害的高峰期；选用抗性品种，加强水肥管理，合理密植，适时翻耕，促进稻株健壮生长。

（2）物理防治 用黑光灯诱杀成虫。

（3）生物防治 保护天敌，通过合理用药，减少对天敌的伤害。

（4）药剂防治 在2～3龄若虫盛发期施药，每亩用25%扑虱灵可湿性粉剂25～30克，或10%扑虱灵乳油50毫升，或80%敌敌畏乳油80～100毫升，兑水75千克喷雾，喷雾时对准稻株基部，使药液喷在虫体上，害虫密度大时，用上述药量兑水200～300千克，全田泼浇。

30. 怎样防治稻纵卷叶螟?

（1）农业防治 冬春季铲除田边、沟边杂草，从而减少越冬虫源。

（2）生物防治 在稻纵卷叶螟产卵始盛期至高峰期，分期分批放蜂，每亩每次放3万～4万头，隔3天1次，连续放蜂3次。

（3）化学防治 根据水稻分蘖期和穗期易受稻纵卷叶螟危害，尤其是穗期损失更大的特点，药剂防治的策略是：掌握狠治穗期受害代，不放松分蘖期危害严重代的原则，在幼虫2～3龄盛期，或百丛有新卷叶苞15个以上时进行防治。每亩用42%特力克乳油60毫升，兑水40千克均匀喷雾防治。

31. 如何防治中华稻蝗?

中华稻蝗俗称蚂蚱，以成虫、若虫食叶成缺刻，严重时全叶被吃光，仅残留叶脉，还可咬断小穗，咬坏穗颈、谷粒等，造成减产。

（1）农业防治 发生重的地区组织人力翻埂杀灭蝗卵。冬季铲除田埂杂草或开垦荒地，可破坏其越冬场所。

（2）保护利用天敌 放鸭啄食或保护青蛙、蟾蜍，可有效抑制该虫的发生。

（3）药物防治 根据稻蝗有群集在田埂、地边、渠旁取食杂草嫩叶的习性，在3龄前突击防治。稻田百株有虫10头以上时，可用25%杀虫双200～400倍液，或50%辛硫磷乳油2 000～3 000倍液，或50%马拉硫磷乳油2 000～3 000倍液喷雾防治。

（二）小麦病虫草害防治技术

32. 什么是“一喷三防”？

冬小麦抽穗后，株高达到一生中最高，田间郁闭，蚜虫开始由植株中下部叶片向穗部转移，刺吸汁液，影响灌浆，造成小麦减产。白粉病、锈病也随着温度的上升和田间湿度较大而发生。另外，小麦抽穗后气温上升很快，伴随着春旱，干热风多发，这些不利因素对小麦产量构成极大威胁，保持较多的绿叶面积是这一时期的田间管理重点。“一喷三防”即将防治麦蚜的杀虫剂、防治白粉病、锈病的杀菌剂和预防干热风促灌浆的叶面肥结合在一起，喷洒植株，达到防治麦蚜、防治白粉病、预防干热风的多种功效。

33. 麦田杂草的种类有哪些？如何防治？

麦田杂草可分为越年生杂草和一年生杂草，越年生杂草主要以播娘蒿、荠菜为主，一年生杂草以落藜为主。冬小麦田以越年生杂草为主的地块，一般冬前除治效果好于冬后除治。近几年由于连续使用10%苯磺隆，荠菜已产生抗药性，建议冬前使用72%2,4-滴丁酯，冬前亩用量30～40克，春季亩用量50克，但应注意冬前用药应在麦苗三叶期以后。

34. 什么是小麦吸浆虫？

北方麦区小麦吸浆虫一年发生一代，是一种毁灭性害虫，一般

减产20%～60%，个别地块绝收。以老熟幼虫越夏越冬，第二年春季当10厘米地温升至10℃时开始向地表移动化蛹，在6月上旬羽化成虫交尾产卵于穗部，侵入粒部吸食汁液，后随小麦收割落入土中。收获后的小麦品质大大下降，穗部发黑、籽粒空瘪，剥开颖壳可见橘红色的幼虫。

35. 哪种土壤类型适于小麦吸浆虫发生？防治小麦吸浆虫有几个用药关键期？

（1）山前平原壤土和通透性好、土质疏松的土壤类型适于其发生。

（2）两个防治关键期，即吸浆虫的蛹期和成虫期，也就是小麦的孕穗期、扬花期，分别进行毒土防治和喷雾防治。

36. 怎样防治小麦吸浆虫？

小麦吸浆虫在冀东地区以红吸浆虫为主，多为随小麦跨区收割作业传入。防治适期以孕穗期为宜，此时幼虫上升至土表化蛹，可用3%甲基异柳磷颗粒剂拌毒土撒施，亩用2～4千克，随后浇水，效果更好。也可在6月上旬吸浆虫羽化成虫时防治，可每亩用10%吡虫啉20克喷雾防治。

37. 小麦黑穗病如何防治？

小麦黑穗病一般随种子进行远距离传播，效果好的技术措施有药剂拌种防治，可选用2%戊唑醇拌种剂，药种比例以1∶170为宜。

38. 小麦地下害虫有哪些？怎样防治？

小麦地下害虫主要有蝼蛄、金针虫、蛴螬、地老虎等。可用

50%辛硫磷拌种，药种比例为1∶200为宜。

39. 小麦丛矮病有哪些症状？如何防治？

小麦丛矮病传毒媒介是灰飞虱，发病后，小麦出现分蘖增多矮化、分蘖细弱，严重的不能抽穗，抽穗的结实很少。灰飞虱一般多发生在地边地头，靠近田埂处，播种时杂草较多的地方。所以，最佳的防治方法就是切断毒源，清除地边地头及田埂处的杂草，减少虫源。

40. 如何防治小麦条锈病？

小麦条锈病主要危害叶片和叶鞘、茎秆，病斑呈半椭圆形，在叶片上排列呈条状，鲜黄色，破坏叶绿素，造成光合效率下降，一般减产20%～30%，最严重可造成绝收。防治时先选用抗病品种，降低防治成本。药剂防治可用15%三唑酮可湿性粉剂，每亩100克或25%烯唑醇可湿性粉剂30～50克喷雾防治，连续用药1～2次。

41. 小麦赤霉病发生并流行的关键因素是什么？应怎样防治？

小麦赤霉病又称烂头病、麦穗枯。发生并流行的关键因素是小麦扬花期遇阴雨天气。幼苗至幼穗均可发病，引起苗枯、茎基腐、秆腐和穗腐等症状，以穗腐危害最大。湿度大时，发病小穗颖处产生红色粉红色胶状霉层，空气干燥时，病部枯死，形成白穗。一般减产10%～40%，严重时减产50%～100%。要筛选抗病品种，适期播种，合理施肥，追肥早施少施。可用戊唑醇、烯唑醇、咪鲜胺等药剂进行防治。

42. 小麦全蚀病的症状是什么?

小麦全蚀病又称小麦立枯病，是一种真菌病害。在我国是植物检疫对象。小麦受害后，苗期病株矮小，下部叶片发黄，种子根和地中茎变成灰黑色。拔节期基部1～2节的叶鞘内和病茎表面病菌形成黑色菌丝层。抽穗后菌丝层颜色逐渐加深呈黑膏药状，上面密布黑褐色小颗粒样子囊壳，病株易拔起。发病早的植株不能抽穗，成丛或成片枯死；发病迟的多呈枯死白穗。

43. 小麦全蚀病应怎样防治?

(1) 加强植物检疫 防止病害传播蔓延。

(2) 农业防治 高温发酵法沤制肥料，杀灭病菌，严格清洗从疫区进入非疫区跨区收割机械；增施磷、钾肥，增强植株抗病能力；轮作倒茬。

(3) 药剂防治 可用15%三唑酮可湿性粉剂或12%烯唑醇胺种子重的0.03%拌种，也可在幼苗期用15%三唑酮或12%烯唑醇每亩30～50克兑水喷施茎基部。

44. 小麦白粉病适宜发病温度是多少?在河北省冬麦区利于小麦白粉病流行的主要因素有哪些?

小麦白粉病适宜发病的温度为15～20℃；高湿多雨、低温、小麦群体过大、使用氮肥过多、浇水次数多等因素都容易造成白粉病的传播流行。

45. 小麦蚜虫主要种类有哪些？有什么危害特点？防治小麦蚜虫应选择具备什么特点的农药？

（1）麦田蚜虫种类　主要有麦长管蚜、麦二叉蚜、麦无网长管蚜、禾谷缢管蚜。

（2）麦蚜危害特点　刺吸植物汁液、分泌蜜露影响小麦光合作用，其孤雌生殖繁殖速度快。

（3）防治小麦蚜虫　宜选用具有内吸作用、触杀作用的杀虫剂。

（三）玉米病虫草害防治技术

46. 玉米大斑病有何症状？

玉米大斑病侵染叶片，叶片上形成大型的核状病斑，在田间初为灰绿色小斑点，在室内初为水渍状小斑点。扩展后为边缘暗褐色、中央淡褐色或青灰状的大斑。潮湿时病斑上有明显的黑褐色霉层。严重时病斑联合纵裂，叶片枯死。

47. 玉米大斑病该如何防治？

①种植抗病品种。

②重病田避免秸秆还田，或者和其他作物轮作。

③发病初期，用10%世高（苯醚甲环唑）水分散粒剂喷雾，间隔7～10天，连续喷药2次。

48. 玉米小斑病有何症状？

玉米小斑病以侵染叶片为主，但茎部、果穗的苞叶、籽粒均可

被害。叶片病斑小而多，初为褐色水渍状小点，扩大后成椭圆形、长约1厘米的病斑，边缘有紫色或红色晕纹圈。有时病斑上呈现2～3个同心圈。叶片上病斑数不等。后期病斑常彼此连接，叶片干枯。潮湿条件下病斑也长霉层，但不如玉米大斑病明显。有一些抗病品种，病斑仅表现为黄褐色坏死小点，斑点基本不扩大，周围有黄绿色晕圈。

49. 玉米小斑病如何防治？

（1）农业防治　选用抗病品种，收获后及时秋耕，玉米秸秆集中作为燃料尽早用完。若作肥料应经高温堆沤，并不宜施于玉米田。加强栽培管理，施足基肥，增施磷、钾肥，加强中耕除草，大面积摘除玉米底部病叶，以增强抗病力，减轻发病。

（2）化学防治　发病初期，用10%世高（苯醚甲环唑）水分散粒剂喷雾，每7～10天1次，连喷2次。

50. 玉米褐斑病的症状及防治方法是什么？

（1）症状　玉米褐斑病主要侵染叶片、叶鞘、茎秆。以叶片和叶鞘交接处病斑最多，常密集成行。病斑为圆形或椭圆形到线形，褐色至红褐色，小病斑有时汇成大斑，病斑附近的叶组织常呈粉红色。发病后期，病斑表皮破裂，散出褐色粉末，叶细胞组织呈坏死状，病叶局部散裂，叶脉和维管束残存如丝状。发病严重时，危害茎节，遇风折倒。

（2）防治方法　首先种植抗病品种；改进秸秆还田方法，变直接还田为深翻还田或者腐熟还田；在玉米5～6叶期用15%粉锈宁可湿性粉剂1 000倍液喷雾，每隔7～10天1次，连喷2次。

51. 什么是玉米粗缩病？

玉米粗缩病是由玉米粗缩病毒引起的病毒病，一旦发生，无法治疗，产量损失严重，是一种毁灭性病害。植株感病茎节缩短变粗，严重矮化，叶片浓绿对生，宽短硬直，状如君子兰，顶叶簇生，心叶卷曲变小，叶背及叶鞘的叶脉上有粗细不一的蜡白色突起条斑。苗期感病，不能抽穗结实，往往提早枯死。10 叶前感病，上部茎节缩短，虽能抽穗结实，但雄花轴短缩，穗小畸形，后期感病症状不明显，但千粒重有所下降。

52. 玉米粗缩病应如何防治？

①适当增加播种量，早铲除，晚定苗，一般 6～7 叶后再定苗，并及时拔除田间病株，带到地头深埋，减少病原。

②用种衣剂包衣或其他农药拌种。

③及时除治田间地头杂草，减少寄生，减轻危害。

④遇到干旱及时浇灌。

⑤苗期对玉米田及四周杂草喷药防治灰飞虱。可选用吡虫啉、啶虫脒、高效氯氰菊酯或者用稻虱净可湿性粉剂。

53. 玉米矮花叶病有什么症状？

玉米整个生育期均可发生矮花叶病，苗期受害重，抽雄前为感病阶段。最初在心叶基部叶脉间出现许多椭圆形褪绿小点或斑纹，沿叶脉排列成断续的长短不一的条点，病情进一步发展，叶片上形成较宽的褪绿条纹，尤其新叶上明显，叶绿素减少，叶色变黄，组织变硬，质脆易折断，有的从叶尖、叶缘开始，出现紫红色条纹，最后干枯。一般第一片病叶失绿带沿叶缘由叶基向上发展成倒八字形，上部出现的病叶待叶片全部展开时，即整个成为花叶。病株黄

弱瘦小，生长缓慢，株高不到健株一半，多数能抽穗但早死，少数病株虽能抽穗，但穗小，籽粒少而秕瘦。病株根系发育弱，易腐烂。

54. 玉米矮花叶病如何防治?

①选用抗病品种，利用品种间抗性差异显著的特点，减轻危害。

②适期播种，使玉米苗期避开蚜虫发生高峰期。

③用锐胜、锐劲特种衣剂包衣。

④苗期使用吡虫啉、吡蚜酮、阿维菌素等化学药剂喷雾防治蚜虫，降低传毒价体数量。

⑤保持田间清洁，及早除草，破坏蚜虫越冬场所。

⑥及时拔除田间病苗，消灭毒源。

⑦发病初期，可用含盐酸吗啉胍或三氮唑核苷成分的药剂喷雾，延缓发病，降低病株率，挽回产量损失。

55. 玉米纹枯病有哪些症状?

玉米纹枯病主要危害玉米的叶鞘、果穗和茎秆。在叶鞘和果穗苞叶上的病斑为圆形或不规则形，淡褐色，水渍状，病健部界限模糊，病斑连片愈合成较大型云纹斑块，中部为淡土黄色或枯草白色，边缘褐色，湿度大时发病部位可见到茂盛的菌丝体，后结成白色小绒球，逐渐变成褐色的大小不一的菌核。有时在茎基部数节出现明显的云纹状病斑。病株茎秆松软，组织解体。果穗苞叶上的云纹状病斑也很明显，造成果穗干缩、腐败。

56. 玉米纹枯病应怎样防治?

（1）种植抗病品种

（2）合理施肥　避免偏施氮肥，做到氮、磷、钾肥配合施用。

(3) 合理密植 提倡宽窄行种植，低洼地注意排水，降低田间湿度，增强植株抗病力，减轻发病。

(4) 药剂防治 发病初期，每亩用5%井冈霉素100～150毫升，或农抗120水剂150～200毫升，或25%粉锈宁可湿性粉剂50克，兑水50～60千克，对准发病部位均匀喷雾。一般每7～10天喷一次，连喷2次。

57. 玉米锈病有什么表现症状？如何防治？

(1) 症状 玉米锈病可发生在玉米植株地上部的任何部位，以叶片发病最为严重。发病初期，叶片上散发黄色小斑点，病斑逐渐隆起呈圆形或椭圆形，黄褐色或红褐色。病斑表皮破裂后，散出大量锈色粉状物，为病菌夏孢子。植株生长后期，在病斑上逐渐形成黑色粉状物，为病菌冬孢子。

(2) 防治 首先要种植抗病品种。其次不要偏施氮肥，增施磷、钾肥，提高植株抗病性。发病初期，喷施20%三唑酮乳油1 000～1 500倍液，控制病害扩展。

58. 玉米病毒病主要有哪几种？防治的关键技术是什么？

(1) 玉米病毒病 主要有玉米粗缩病毒、玉米矮花叶病毒。

(2) 防治关键技术 调整玉米播种期，改套播为平播，注意防治蚜虫、飞虱等传毒媒介，做好除草工作。

59. 夏玉米田杂草防治的“两个关键时期”和化学除草技术是什么？

(1) 两个关键时期 即苗前处理时期和茎叶防治时期。

(2) 化学除草技术 包括土壤封闭处理和茎叶处理。土壤封闭处理是在玉米播种后、出苗前，用除草剂对土壤进行封闭处理，达

到防除杂草的目的。而茎叶处理则是在玉米生长到一定阶段，用除草剂对田间杂草进行定向喷雾，杀灭杂草的处理方法。

60. 玉米螟应如何防治?

(1) 在心叶内撒施颗粒剂 用3%辛硫磷颗粒剂或3%克百威颗粒剂每亩1～2千克。

(2) 降低虫源基数 在玉米秸秆还田时，杀死秸秆内越冬的幼虫，降低越冬虫源基数。

(3) 利用天敌防治 在玉米螟卵期，释放赤眼蜂2～3次，每亩释放1万～2万头。

(4) 物理防治 利用性诱剂或杀虫灯诱杀越冬代成虫。

61. 玉米蓟马危害特点是什么？该如何防治?

玉米蓟马是玉米苗期主要害虫之一，它以成虫、若虫锉吸玉米叶片汁液，并分泌毒素，抑制玉米生长发育。被害植株叶片上出现成片的银灰色斑，叶片点状失绿，致使玉米心叶上密布小白点及银白色条斑，部分叶片畸形破裂，造成心叶扭曲，呈猪尾巴状，难以长出，如遇阴雨天气还可造成心叶腐烂，严重影响玉米的正常生长。玉米苗期是玉米蓟马危害最为敏感的时期，一旦危害严重，田间形成缺苗断垄，影响玉米产量。

应适期防治，因蓟马虫体小，在玉米心叶危害，不易发现，到表现危害症状时往往偏晚，苗龄越小，危害越大。每亩用10%吡虫啉可湿性粉剂20克，或4.5%高效氯氰菊酯1 000～1 500倍液，或3%啶虫脒可湿性粉剂10克兑水30千克均匀喷雾。施药时应在9:00以前或17:00以后，对玉米叶片和心叶进行喷药防治。

62. 玉米地下害虫应如何防治?

（1）玉米蛴螬

①用种衣剂30%氯氰菊酯直接包衣，或者用40%辛硫磷乳油0.5升加水20千克，拌种200千克。

②用40%辛硫磷乳油1 000倍液灌根处理。

③严重地块采用秋耕、倒茬、水旱轮作等农业措施。

④人工捕捉幼虫，在被害株下挖掘出幼虫，杀灭。

⑤在成虫发生盛期设黑光灯诱杀。

（2）玉米地老虎、蝼蛄 防治最佳时期在1～3龄，此时幼虫对药剂抗性较差，并在寄主表面或幼嫩部位取食。

①药剂拌种：用50%辛硫磷乳油拌种，用药量为种子重量的0.2%～0.3%。

②用40%辛硫磷乳油1 000倍液灌根或傍晚茎叶喷雾。

③每亩用50%辛硫磷乳油50克拌毒土，傍晚撒在作物行间。

④清晨捕捉幼虫，拨开萎蔫苗、枯心苗周围泥土，挖出地老虎的大龄幼虫。

⑤利用黑光灯诱杀成虫。

63. 玉米红蜘蛛应怎样防治?

①用20%哒螨灵可湿性粉剂2 000倍液，或10%吡虫啉可湿性粉剂1 000～1 500倍液，或1.8%阿维菌素乳油4 000倍液喷雾，重点防治玉米中下部叶片的背面。

②小麦—玉米连作的地块，要做好冬小麦叶螨的防治工作，及时清洁田间地头杂草，降低虫源基数。

③高温干旱时，要及时浇水，控制虫情发展。

64. 夏玉米田杂草的主要种类有哪些？

以禾本科杂草种类最多，主要优势种有马唐、狗尾草、牛筋草、小麦自生苗、铁苋菜、马齿苋、反枝苋、藜、车前草、刺儿菜、苣荬菜、田旋花等。

65. 夏玉米杂草应怎样除治？

推行化学除草可在播后芽前，每亩用50%乙草胺乳油100～120毫升或40%乙莠水150～200毫升兑水30～50千克喷地面。苗后茎叶处理，可每亩用4%玉农乐胶悬剂75毫升茎叶喷雾，或每亩用20%克芜踪水剂120～150毫升兑水30～50千克在玉米苗高30厘米以上时定向喷雾防治，注意不要喷到玉米上，对阔叶杂草和禾本科杂草均有良好的防效。

需要注意的问题是化学除草剂的效果与土壤表层的含水量关系很大。土壤湿润则化学除草剂效果好，土壤干燥则化学除草效果不佳。所以当土壤墒情不足时，不要在播后勉强喷药，可以等玉米出苗后，待下雨或灌溉后再喷药。

（四）花生病虫害防治技术

66. 花生根腐病有哪些症状？

花生播后出苗前染病，可引起烂种、烂芽；苗期受害引致根腐、苗枯；成株期受害引致根腐、茎基腐和荚腐，病株地上部表现矮小、生长不良、叶片变黄，终致全株枯萎。由于本病发病部位主要在根部及维管束，使病株根变褐腐烂，维管束变褐，主根皱缩干腐，形似老鼠尾状，患部表面有黄白色至淡红色霉层。

67. 花生根腐病应怎样防治？

采取以栽培防病为主，药剂防治为辅的综合防治措施；把好种子关，做好种子的收、选、晒、藏等项工作；播前翻晒种子，剔除变色、霉烂、破损的种子；合理轮作，因地制宜确定轮作方式、作物搭配和轮作年限；药剂防治，发病初期用隆抗兑水300～500倍喷雾淋根。

68. 花生青枯病症状是什么？怎样防治？

花生一般在初花期最易感染此病。病株初始时，主茎顶梢第一、第二片叶片先失水萎蔫，早上延迟开叶，午后恢复。1～2天后，病株全株或一侧叶片从上至下急剧凋萎，色暗淡，呈青污绿色，后期病叶变褐枯焦，病株易拔起。病茎纵剖维管束呈黑褐色，横切面下稍加挤压可见白色黏液溢出。

（1）农业防治 选用高产抗病品种，合理轮作。有水源地方，实行水旱轮作，防效较好。旱地可与瓜类、禾本科作物3～5年轮作，避免与茄科、豆科、芝麻等作物连作。旱地花生，播种前进行短期灌水，可使病菌大量死亡。采用高畦栽培，适期播种，合理密植，防止田间荫蔽与大水漫灌。注意排水防涝，防止田间积水与水流传播病害。

采用配方施肥技术，施足基肥，增施磷、钾肥，早施氮肥，促进花生稳长早发。基肥每亩施熠昌生物豆粕有机肥80千克、复合肥20千克、尿素5千克、过磷酸钙30千克、硼砂2千克。对酸性土壤可施用石灰，降低土壤酸度，减轻病害发生。田间发现病株，应立即拔除，带出田间深埋，并用石灰消毒。花生收获时及时清除病株与残余物，减少土壤病原。

（2）化学防治 在发病初期可喷施72%农用链霉素或新植霉素、20%噻菌铜溶液、20%叶枯唑、春雷霉素、多黏类芽孢杆菌、

荧光假单胞杆菌、3%中生菌素、甲霜灵+福美双、甲霜灵+噁霉灵、应天2号多功能生物制剂或上述产品的相关复配产品。隔7～10天喷一次，连喷2～3次防治。也可以用14%络氨铜水剂300倍液、50%琥胶肥酸铜可湿性粉剂500倍液、77%氢氧化铜可湿性粉剂600～800倍液、72%农用链霉素可湿性粉剂4 000倍液进行灌根处理，每株灌药液250毫升，隔10天一次，连续灌2～3次。

69. 花生褐斑病、黑斑病、锈病的症状各是什么？应怎样防治？

花生褐斑病主要危害叶片。被害叶片初现黄褐色小斑点，褐斑病产生近圆形或不规则形病斑，斑正面黄褐色至深褐色，背面淡黄褐色，斑外黄晕宽大而明显，斑正面病症不明显，仅隐约可见薄霉层。褐斑病在病斑的大小、颜色、黄晕和病症方面均与黑斑病明显有别。

花生黑斑病症状：发病高峰多出现于花生的生长中后期。主要危害叶片，严重时叶柄、托叶、茎秆和荚果均可受害。叶斑近圆形，黑褐色至黑色，斑外黄晕不明显，但斑面病征呈轮纹状排列的小黑点明显。叶柄、茎秆等染病严重时常变黑枯死。

花生锈病症状：主要危害叶片，严重时叶柄、茎秆均可受害。下部叶片先发病，叶正面初现针尖大的黄色小点，相应的叶背面则出现稍隆起的黄色疱斑，随着病情的发展，疱斑明显隆起，色泽加深，终致表皮破裂，散出锈色粉末。严重时疱斑连合成斑块，叶片焦枯，远望如火烧状。

防治方法：

(1) 农业防治 选用高产抗病品种，合理轮作。有水源的地方，实行水旱轮作，防效较好；旱地可与瓜类、禾本科作物3～5年轮作，避免与茄科、豆科、芝麻等作物连作。旱地花生，播种前进行短期灌水，可使病菌大量死亡。

采用配方施肥技术，施足基肥，增施磷、钾肥，适当施氮肥，叶面喷施天达2116，促进花生稳长早发。对酸性土壤可施用石灰，降低土壤酸度，减轻病害发生。

（2）拌种 播种前，用花生专用种衣剂对种子进行包衣处理，可有效减轻危害。

（3）喷雾 花生苗出齐后，每亩用72%农用链霉素4 000倍液、10%世高2 500倍液喷雾。

70. 怎样防治花生蛴螬？

蛴螬是危害花生的主要地下害虫，影响花生发芽、坐果、结荚、产量及品质。一般发生田被害损失率在20%～30%，严重地块甚至绝收。采用合理的耕作制度，调整茬口，科学轮作。

（1）插毒枝诱杀成虫 于成虫出土高峰期（即6月下旬至7月下旬），可用30～40厘米的新鲜带叶杨柳枝，浸入40%氧乐果30～40倍液中，傍晚插入花生田，每亩插10～20枝诱杀，5～7天换1次，连续换2～3次。

（2）选用高效环保农药杀虫

①土壤处理，减少虫源。若田间蛴螬密度达到3头/米^{2}以上时，可每亩用40%辛硫磷乳油0.25千克，兑水0.5千克，或选用十面埋伏（3%辛硫磷颗粒剂）2～3千克拌细干土20千克，均匀撒于地表，随即耕翻。

②药剂拌种，确保全苗。可用专用种衣剂拌种。

③适时灌药或撒毒土，控制危害。于花生开花后，可每亩用40%辛硫磷乳油0.25千克，兑水150～200千克灌棵；或每亩用3%辛硫磷颗粒剂2.5～3千克，拌细干土20千克，撒于垄间，随后浇水。

71. 花生蚜虫应怎样防治？

①在常发地区结合防其他地下害虫于播种时沟穴施毒土防蚜。

用10%辛拌磷粉剂7.5千克/公顷加适量细土配成毒土，施入沟穴内，可起防蚜和兼治地下害虫的作用。

②在常发地区有条件的可采用地膜覆盖栽培，可减轻蚜害。

③加强调查，掌握虫情，及时施药，把蚜虫消灭在点片发生阶段。

防治方法：可使用药剂进行喷雾防治，常用杀虫剂有10%吡虫啉可湿粉2 000倍液；40%氧化乐果1 500倍液；或50%抗蚜威可湿性粉剂10～18克，兑水15千克喷雾。

防治蚜虫要注意及时防治，并用足药液量，做到花生叶面叶背都要喷到药液。

72. 花生红蜘蛛有哪些危害？如何防治？

一般6～7月为危害盛期。危害方式是聚集在叶片背面，结成蛛网，吸食叶肉叶汁，破坏叶绿素，影响叶片的光合作用。受害叶片先出现黄白色斑点，边缘向背面卷缩。受害轻时，叶片停止生长，受害严重时，叶片脱落，植株枯死。造成严重减产。

防治方法：及时浇水，不仅缓解旱情，还恶化红蜘蛛的生存环境，抑制红蜘蛛的发生。每亩用15%哒螨灵可湿性粉剂30～40克或1.8%阿维菌素乳油30～40毫升均匀喷雾。每7天防治一次，连喷2～3次。

（五）棉花病虫害防治技术

73. 棉花苗期有哪些病害？如何防治？

棉花苗期病害主要以立枯病、猝倒病为主，在苗期，低温、多雨、重茬、播种过早等因素是棉苗病多发的重要原因。棉苗发病初期，及时用40%多菌灵胶悬剂或65%代森锌可湿性粉剂或36%棉枯净可湿性粉剂 10～15 克/亩，兑水 15 千克顺棉苗茎秆喷雾，每 5～7 天一次。

74. 棉花枯萎病有哪几种类型？

棉花枯萎病幼苗至成株均可发病，现蕾前后发病最盛。可归纳为 5 种类型：

（1）黄色网纹型 病株叶脉变黄，叶肉保持绿色，叶片局部或大部分呈黄色网纹状，叶片逐渐萎缩枯干。

（2）黄化型 叶片边缘局部或大部变黄，萎缩枯干。

（3）紫红型 叶片局部或大部变紫红色，叶脉也呈紫红色，萎缩枯干。

（4）青枯型 叶片突然失水，叶色稍变深绿，叶片变软变薄，全株青干而死亡，但叶片一般不脱落，叶柄弯曲。

（5）皱缩型 5～7 片真叶时，大部分病株顶部叶片皱缩、畸形，色深绿，节间缩短，比健株矮小，一般不死亡，病株根茎剖面木质部变成黑褐色。

75. 棉花枯萎病有哪些发病规律？

棉花枯萎病菌主要在病株种子、病株残体、土壤和粪肥中越冬。带菌种子的调运是引发新病区发病的主要原因，病区棉田的耕作、管理、灌溉等农事操作是近距离传播的重要因素。病株根、茎、叶、壳等在高湿时可长出病菌孢子，随气流、雨水传播，侵染周围健株。

棉花枯萎病的发病与温湿度关系密切，一般土温在 20℃左右开始发病，土温上升到 25～28℃时，形成发病高峰；夏季暴雨或多雨年份，发病严重；地势低洼、土质黏重、偏碱、排水不良、偏施氮肥、耕作粗放的棉田发病严重。

76. 棉花枯萎病的防治方法是什么？

播种前，选用40%多菌灵·五氯硝基苯、50%甲硫·福美双500倍液进行土壤消毒；发病初期用40%多菌灵·五氯硝基苯、50%甲硫·福美双600～800倍液喷雾或500倍液进行灌根，或选用50%福美双600～800倍液、80%代森锰锌800～1 000倍液进行喷施，防效显著；对发病较重的田块，同时用0.2%磷酸二氢钾溶液加1%尿素溶液叶面喷雾，每隔5～7天进行一次，连续2～3次，防病效果更加明显。

77. 棉花黄萎病有什么危害症状？

棉花黄萎病于田间现蕾前后开始发病，病叶边缘失水、萎蔫，叶脉之间的叶肉出现不规则黄色斑块，逐渐扩大成叶脉保持绿色的掌状斑驳，似西瓜皮，中下部叶片逐渐向上部发展，不落叶或部分落叶，病株比健株稍矮小。夏季久旱后暴雨，或大水漫灌之后，造成叶片突然萎蔫，似开水烫伤状态，然后叶片脱落，称为急性萎蔫型。

78. 棉花黄萎病怎样防治？

（1）选用抗病品种，实行轮作倒茬 在北方棉区，采用小麦、玉米与棉花轮作，可减轻发病；在蕾期、铃期及时喷洒缩节胺等生长调节剂，对黄萎病的发生有减轻作用。

（2）化学防治 重在于防，前期使用80%代森锰锌、50%福美双、50%甲硫·福美双等药剂600～800倍液进行喷雾，5～7天一次，连喷3次，对棉花黄萎病有很好的预防效果。

79. 棉花黄萎病和枯萎病的主要区别是什么？

①黄萎病出现晚，在蕾期才开始发生；枯萎病苗期可严重危害，蕾期是发病盛期。

②黄萎病大多是先从下部叶片发病的，枯萎病常自顶端向下开始发病。

③黄萎病叶肉变黄，枯萎病叶脉变黄。

④黄萎病后期落叶成光秆，枯萎病容易落叶成光秆。

⑤黄萎病稍矮缩，枯萎病株型矮缩，节间变短。

⑥剖秆后维管束黄萎病为淡褐色，枯萎病为深褐色。

80. 棉蚜有哪些危害特点？

棉蚜以刺吸口器刺入棉叶背面或嫩头，吸食汁液。苗期受害，棉叶卷缩，开花结铃期推迟，造成晚熟减产；成株期受害，上部叶片卷缩，中部叶片现出油光，下位叶片枯黄脱落；蕾铃受害，易落蕾，影响棉株发育；有的造成落叶而减产。

81. 棉蚜有利的发生条件是什么？怎样防治？

棉蚜有利发生条件：苗蚜发生在出苗到现蕾以前，适宜偏低温度，气温超过27℃时繁殖受到抑制，虫口迅速下降；伏蚜主要发生在7月中旬到8月，适宜偏高的温度，在17～28℃大量繁殖，当气温大于30℃时，虫口才迅速减退。棉蚜最适宜温度为25℃，相对湿度为55％～85％，多雨气候不利于蚜虫发生，大雨对蚜虫有明显抑制作用，而时晴时雨、阴天、细雨对其发生有利。

（1）利用天敌 麦田治蚜时用不杀伤天敌的选择性杀虫剂，如抗蚜威（辟蚜雾），以保护天敌向棉苗转移。

（2）药剂防治 苗蚜百株3叶蚜量2 500头或以出现卷叶株作为防治指标，伏蚜平均单株上、中、下3叶蚜量200头作为防治指标。棉蚜发生达到防治指标时正处于点片危害阶段，应进行局部针对性喷雾，避免大面积用药。可用吡虫啉、蚜虱灵等低毒高效杀虫剂。也可结合防治三代棉铃虫兼治伏蚜。每亩用10%吡虫啉20～30克，或30%吡虫啉10～15克，或70%吡虫啉4～6克，均匀喷雾，防效达90%，持效期15天以上。

82. 棉红蜘蛛的危害特点是什么？

棉红蜘蛛俗称火龙、火蛛子，干旱年份危害猖獗，主要在棉叶背面吸食汁液；苗期至成熟期均有发生，以若螨和成螨群聚叶背吸取汁液，被害棉叶开始出现黄白色斑点，危害加重时叶片出现红色斑块，直到整个叶片变成褐色，干枯脱落。

83. 棉红蜘蛛发生特点有哪些？

棉花红蜘蛛年发生10～20代，主要存活于枯枝落叶、野生寄主和土缝中，先是点片发生，而后扩散至全田。最适发生温度为29～31℃，最适相对湿度为35%～55%，温度达30℃以上和相对湿度超过70%，不利于其繁殖，暴雨对其发生有抑制作用。在高温干旱季节棉红蜘蛛危害猖獗，轻者棉苗停止生长，蕾铃脱落，后期早衰；重者叶片发红，干枯脱落，棉花变成光秆。

84. 棉红蜘蛛怎样用药剂防治？

高温干旱季节及时选用15%哒螨灵1 000～1 500倍液、20%哒螨灵1 500～2 000倍液、1.2%阿维·哒1 500～2 000倍液、1.8%阿维2 000～3 000倍液，均匀喷雾，施药时应注意叶面叶背均匀喷雾，确保药效和防效。

85. 棉盲蝽的发生与防治方法是什么？

棉盲蝽化学防治时期在6月中下旬，此期棉花植株发育比较幼嫩，如遇雨多、湿度大的气候条件，有利于盲蝽的发生与危害，该时期是防治关键期。防治指标应掌握在果枝或顶尖叶片被害株率达5%或点片棉株受害时进行用药防治。由于成虫具有一定的迁飞性，给防治工作带来一定的难度，因此在防治方法上要以棉尖和果枝尖为重点，从外围向中心喷。可用20%快克乐1 500倍液、10%吡虫啉5～10克加菊酯25～30毫升兑水15千克进行喷雾。注意9:00以前或17:00以后用药防治。

86. 棉铃虫怎样进行危害？

棉铃虫以幼虫危害棉花嫩尖、花蕾、花和青铃，可咬短嫩茎顶端，形成无头棉。幼蕾被害后，苞叶变黄张开，两三天后脱落。幼虫喜食花粉和柱头。青铃被害后，可形成烂铃或僵斑，严重影响棉花产量和质量。

87. 棉铃虫有什么防治对策？

（1）中耕灭蛹　麦收后及时中耕，灭茬破埂，破坏棉铃虫蛹室，压低虫源基数。

（2）人工采卵灭虫　及时摘除败花，人工灭虫，非抗虫棉田要结合整枝打杈，进行人工采卵灭虫并将残枝败叶带出田外集中处理。

（3）化学防治　一代棉铃虫绝大多数在麦田危害，危害期是小麦穗期，防治小麦病虫时就可兼治。抗虫棉对二代棉铃虫控制效果较好，一般不需防治，对三四代棉铃虫的控制效果减弱，需适时进

行防治。药剂可选用35%丙溴·辛硫磷1 000～1 500倍液、20%氯铃·毒死蜱1 000～1 500倍液。

88. 夏季气温高，使用农药有哪些注意事项?

高温季节施用农药，要注意以下几个方面的问题：

(1) 提高农药的利用率 注意增加药剂黏着性。露天作物使用农药时应选择耐雨水冲刷的，如乳油等比较合适，这些农药在植株表面残留时间较长，而粉剂、水剂等则相对较差。很多作物种类，叶片表面存有茸毛或较厚的蜡质层，如玉米、大葱、姜、芋头等，药液在茸毛、蜡质层上容易形成液滴，不能全面接触植株叶片表面，可以在药剂中加入有机硅等助剂来增强药剂的效果。

(2) 适当降低药剂的浓度 大多数农药的药效随着温度的升高，药效也会增强，所以高温季节用药时应注意减少药液的用量，尤其是激素类的药剂尤为注意，用药量重极易导致药害的发生。所以要根据温度的变化合理调整药剂的浓度。

(3) 注意喷雾质量 其实作物在进行药剂喷施时，作物叶片表面能够附着的农药雾滴是有限度的，当喷洒量超过一定限度时，叶片上的细小雾滴会凝聚成大雾滴而滚落、流失，反而使叶片上附着的农药量降低。喷雾法一般要求喷雾雾滴分布均匀，覆盖率高，以湿润植株表面不流滴为宜，这样就要求使用的喷雾器雾化效果好，减少药液的浪费。同时要注意喷药全面，尤其一些害虫喜欢在叶背产卵危害，喷施药剂时要尤为注意。

(4) 注意合理喷药，防止中毒 配药、施药时，要防止农药腐蚀皮肤，使用挥发性农药一定要注意使用口罩，同时禁止夏季中午高温时间喷施农药，夏季喷药应选择在9:00之前或16:00之后进行，避免药害的发生。连续施药时间不要过长。

(六) 蔬菜病虫害防治技术

89. 蔬菜苗期病害有哪些？这些病害的特征是什么？

蔬菜苗期常见病害主要有猝倒病、立枯病、早疫病、枯萎病以及沤根等。

(1) 猝倒病 蔬菜苗期三大病害之一，俗称倒苗病，主要危害茄果类和瓜类蔬菜秧苗，在小苗1～2片真叶时最易发生，属于真菌病害。其发病症状是：发病初期在植株茎部近地面处呈水渍状，以后褪绿变黄，患病部位收缩变细如线状而引起倒苗。发病时往往秧苗成片倒地，苗虽倒下但叶片仍呈绿色。在环境潮湿时，病苗及附近土面会产生白色棉毛状菌丝。

(2) 立枯病 寄主范围广，除茄果类、瓜类蔬菜外，一些豆科、十字花科等蔬菜也能被害。主要危害幼苗茎基部或地下根部，初为椭圆形或不规则暗褐色病斑，病苗早期白天萎蔫，夜间恢复，病部逐渐凹陷、缢缩，有的渐变为黑褐色，当病斑扩大绕茎一周时干枯死亡，但不倒伏。轻病株仅见褐色凹陷病斑而不枯死。苗床湿度大时，病部可见不甚明显的淡褐色蛛丝状霉。立枯病不产生絮状白霉，不倒伏且病程进展慢，可区别于猝倒病。

(3) 早疫病 主要危害茄果类蔬菜，如番茄、茄子、辣椒、甜椒及马铃薯等。苗期主要症状为幼苗的茎基部生暗褐色病斑，稍陷，有轮纹。

(4) 枯萎病 该病是瓜类和茄果类蔬菜的重要病害，此病主要为害番茄、黄瓜、西瓜、苦瓜、冬瓜、甜椒、茄子以及豆类等多种蔬菜，近年来危害呈逐渐加重趋势。

90. 防治蔬菜苗期猝倒病的主要方法有哪些？

猝倒病俗称倒苗、小脚瘟，危害各种蔬菜、花卉，严重时导致

幼苗死亡。

症状特点：出苗前染病，引起子叶、幼根及幼茎变褐腐烂，即为烂种或烂芽。幼苗发病，大多从根茎部开始，初为水渍状，并迅速扩展，在子叶仍为绿色、萎蔫前，根茎部就缢缩变细，幼苗即贴地倒伏死亡，故称猝倒病。苗床湿度大时，病部及周围床上产生一层白色棉絮状霉。开始往往仅个别幼苗发病，条件适宜时，以这些病株为中心，迅速向四周蔓延，田间常形成一块一块的病区。

防治方法：

（1）种子消毒 可采用药剂浸种或温汤浸种。

（2）床土消毒 在配置营养土时，采用消毒处理杀灭土壤中的病菌。

（3）适当稀植 播种时适当稀播，出苗后应及时间苗和分苗。采用穴盘育苗，对控制猝倒病有较好的效果。

（4）适当增温 采用人工控温方法控制环境温度，特别是应提高苗床温度并保持稳定。实践证明，番茄苗期夜间温度如果保持在10℃以上，猝倒病的发病率将会大幅度降低。

（5）适当降湿 降低苗床湿度，保持床土表面干燥，空气湿度控制在60%～80%，可以减轻病害的发生。因此应适当控制苗床灌水量，浇水在10:00～12:00温度较高时进行，避免在下午和傍晚浇水。浇水后在中午温度较高时放风，或者于浇水当天下午，在苗床表面撒一层干燥的草木灰，不仅降低苗床表面的土壤湿度，还有抑制病原菌发病的作用。

（6）疏松床土 苗床松土可降湿增温，减轻病害发生。

（7）药剂防治 病害发生后，先清除病株，在发病处喷洒百菌清，或多菌灵，或代森锰锌等杀菌剂的800倍液，也可用绿亨2号预防。喷药时必须将药液喷到秧苗的根部，并且连同床面一起喷洒，时间以上午为宜。

（8）药剂拌土防治 也可把上述药物中的任何一种与干燥的细土混拌均匀，然后撒施在苗床上。

91. 蔬菜秧苗立枯病如何防治？

立枯病也是蔬菜苗期三大病害之一，属于真菌病害。首先要确定蔬菜秧苗是否真正感染了立枯病。立枯病的发病症状是：小苗发病时，植株茎部近地面处出现椭圆形褐色病斑，病部软化收缩使植株茎变细，然后开始折倒，病苗根部发生腐烂。较大秧苗发病时，在发病初期白天萎蔫，夜晚恢复，经过一段时间后全株开始枯萎，但植株一般不会折倒，故称立枯病。此时即使病苗不死，植株也变得非常衰弱，生长发育缓慢，结果少，产量低，品质差。如果育苗环境温暖潮湿，在病苗及其附近的土面产生少量淡褐色蛛网状的菌丝，菌丝能结成褐色、大小不等的菌核。

防治方法：同猝倒病。也可在拔出病株后，立即用绿亨 1 号 4 000～5 000 倍液或敌克松 600～800 倍液进行灌根。

92. 茄子灰霉病如何防治？

（1）生态防治法 是控制大棚茄子灰霉病的有效途径。采用地膜全膜覆盖，使用大棚无滴膜，切忌大棚内只盖畦面，不盖畦沟。其次是结合变温管理，加速通风，当晴天上午棚温升到 33℃时开始放风，保持棚温 22～25℃，湿度降到 70%以下。当棚温降到 20℃时关闭大棚，使大棚夜间温度保持在 15～17℃，这样上午控温，下午控湿，形成不利灰霉病发生的环境。

（2）机械防治法 在发病初期摘除病花瓣、病果、病叶，集中远离大棚并深埋，防效可达 85%以上，效果极为显著。

（3）药剂防治法

①定植前用万霉灵 1 000 倍液喷洒定植苗，达到无病苗下田。

②蘸花时，在配制好的 2，4-D 药水中加入 0.1%的 50%腐霉利可湿性粉剂蘸花或涂抹。

③大棚茄子在发病初期或阴雨连绵的气候条件下，可以用

45%百菌清烟熏剂熏烟，每亩 200～250 克，在傍晚进行，次日通风，每隔 7 天一次。

④发病初期开始喷洒霉特灵、腐霉剂、多霉灵等农药及时防治，每隔 7 天一次，连用 4～5 次。因灰霉病容易产生抗药性，要坚持“预防为主，综合防治”的方针，尽量采用农业措施防治，控制用药量和用药次数，农药必须轮换施用，以利于延缓抗药性产生，提高防效减轻损失。

93. 茄子褐纹病如何防治？

(1) 农业防治 种子播前用 55℃温水浸种 20 分钟，或用福尔马林 300 倍液浸种 15 分钟，药液浸种后用清水漂洗，晾干备用；发病严重地块应与非茄科作物实行 3～5 年轮作；及时清除田间病残体，施足底肥，避免偏施氮肥；定植后在幼苗茎基部地面撒施草木灰或石灰粉，以减少茎部溃疡。

(2) 药剂防治 结果前开始喷洒 1∶1∶200 波尔多液，或 75%百菌清可湿性粉剂 600 倍液，或 70%代森锰锌可湿性粉剂 400～500 倍液，或 58%甲霜灵锰锌可湿性粉剂 500 倍液，或 64%杀毒矾 M8 可湿性粉剂 500 倍液，或 50%多菌灵可湿性粉剂 800 倍液，或 35%碱式硫酸铜胶悬剂 500 倍液，视病情每隔 7～10 天喷一次，连续防治 3～4 次。喷药时要把茎（特别是茎基部）、叶、果喷布周到，采种田的地面也要适当喷药。

94. 大白菜莲座期有哪些病虫害？如何防治？

前期主要预防病毒病，苗期及时浇水降温，控制蚜虫等害虫的危害，在发生初期喷洒 20%病毒 A 可湿性粉剂 500 倍液或 1.5%植病灵乳剂 1 000 倍液防治；蚜虫在发生初期喷洒 10%吡虫啉可湿性粉剂 1 000～1 500 倍液防治；甘蓝夜蛾等青虫类害虫在 3 龄前夜间喷洒百草一号和 Bt 乳剂等生物农药防治。

95. 怎么预防瓜类秧苗的枯萎病?

瓜类枯萎病的症状：种子发芽时得病，常在土壤中腐烂；幼苗发病，子叶萎蔫下垂，茎基部呈黄褐色，收缩折倒；大苗期发病，茎基部呈黄褐色，地上部先是衰弱发黄，类似缺氧症状，以后在中午萎蔫，早上又恢复，如此几天后植株死亡。凡是病苗，根部都出现腐烂，容易拔起。病株死后在土壤表面遍布粉红色霉菌，为病菌分生孢子。病原菌为真菌。

防治方法：

(1) 种子消毒

(2) 床土消毒

(3) 清除病株　拔除病株，遇发病秧苗应及时拔除，以防病菌传播。

(4) 药剂防治　如发现病株，可用50%多菌灵800～1 000倍液灌根或用重茬剂1号800～1 000倍液灌根防治。还可选用70%代森锰锌可湿性粉剂600倍液，或75%百菌清可湿性粉剂500倍液，或50%扑海因可湿性粉剂1 000倍液，或64%杀毒矾可湿性粉剂400倍液每周喷药一次，连续2～3次。

(5) 嫁接换根　这是目前瓜类栽培上防治枯萎病最有效的措施。

96. 蔬菜生产中蛴螬和蝼蛄危害越来越重，有什么好的防治方法?

(1) 蛴螬　蛴螬是金龟子的幼虫，在床土中危害萌发的种子，咬断幼苗的根和茎，其特点是断口整齐。虫咬的伤口不仅直接损伤秧苗，还容易引起病菌的侵入从而导致发病。蛴螬在土温5℃以下停止活动。土温较高，比较潮湿时活动频繁，土壤干燥时向较深的土层移动。

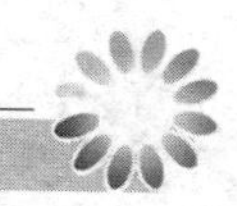

防治蛴螬可以采用下列方法：

①苗床土壤保持清洁，及时清除杂草，不堆放垃圾和有机肥料。

②床土使用前过筛，去除害虫，使用的肥料应进行腐熟发酵处理。

③苗床土壤湿度不宜过高。

④药剂防治：可用80％敌敌畏乳油兑水1 000倍或速灭杀丁兑水1 500倍浇灌床土表面。

（2）蝼蛄 蝼蛄的成虫或若虫均可危害秧苗。它们在床土中可以咬食刚刚播下的种子，咬断幼苗的嫩茎，或将幼苗茎基部咬破呈乱麻状，造成幼苗凋萎或发育不良。蝼蛄在土壤中活动造成的空洞常使秧苗的根系与土壤分离，造成秧苗失水干枯死亡。蝼蛄在8℃以上开始活动，12～18℃时为活动盛期。土壤潮湿，蝼蛄活动频繁，危害严重；土壤干旱，活动减弱。在温暖潮湿、腐殖质含量高的苗床中危害最为严重。蝼蛄的防治方法与蛴螬基本相同。由于蝼蛄能在地面活动，还可用毒饵诱杀。毒饵的制法：将糠、麸皮、豆饼等碾碎炒香，用敌百虫兑水100倍搅匀，于傍晚撒入苗床地表，即可毒死夜间觅食的蝼蛄。

97. 怎样对蔬菜生产上的蚜虫进行无公害防治?

蚜虫俗称腻虫、蜜虫，多以成蚜或若蚜群集在寄主叶背、嫩茎上刺吸寄主汁液，造成植株严重失水和营养不良。蚜虫群集幼叶常造成幼叶卷曲皱缩，颜色变黄，生长发育受阻，严重时幼苗萎蔫甚至枯死。蚜虫同时还分泌大量蜜露，污染叶片诱发煤污病，还会传播多种病毒，导致病毒病发生和蔓延。

无公害防治蚜虫重要措施：

①清除育苗场所及周边地区杂草与病残体，切断蚜虫中间寄主和栖息场所。育苗棚室门窗用防虫网，以阻止蚜虫侵入。

②黄板诱杀。在棚室内高出作物5～10厘米处悬挂黄板，诱杀

有翅蚜，每亩 25～30 块。

③利用蚜虫对银灰色的负趋性，地面铺银灰色反光膜或悬挂约 10 厘米宽银灰色反光膜条，驱避蚜虫。

④生物防治。利用蚜虫天敌草蛉、瓢虫、食蚜蝇、蜘蛛等捕食蚜虫，也可以用寄生蜂、蚜霉菌控制。

⑤药剂防治。用药剂熏蒸，每亩用 80％敌敌畏乳油 0.25～0.4 千克喷洒在锯末或稻草上，傍晚用暗火点燃；也可以用敌敌畏烟剂 0.35 千克熏烟。喷雾防治蚜虫可选用 50％抗蚜威可湿性粉剂 1 500～3 000 倍液，或 10％天王星乳油 3 000 倍液，或 2.5％功夫乳油 3 000～4 000 倍液，每 7 天喷药一次，连喷 2～3 次。

98. 蔬菜上白粉虱越来越多，应该怎么办？

白粉虱俗称小白蛾，以成虫和若虫群集叶背面吸食汁液，造成受害叶片褪绿变黄、萎蔫，严重时全株枯死。白粉虱危害时还分泌大量蜜露，污染叶片诱发煤污病，也能传播病毒。危害症状与蚜虫相似。

白粉虱的防治方法如下：

①彻底清除育苗温室内植株残体、杂草，并用敌敌畏烟剂熏杀，温室门窗、通风口用防虫网隔离。

②张挂镀铝反光幕趋避白粉虱，或用黄板诱杀成虫。

③药剂防治。发生初期及时喷药，可选用 25％扑虱灵乳油 2 000倍液，或 20％灭扫利乳油 3 000～4 000 倍液，或 20％杀灭菊酯乳油 4 000～5 000 倍液；也可用 22％敌敌畏烟剂每亩 0.35～0.5 千克熏烟，或 80％敌敌畏乳油 6～7.5 千克喷洒锯末后点燃熏蒸，5～7 天一次，连熏2～3 次。

④懒汉施药法，即穴灌施药，用强内吸杀虫剂 25％阿克泰水分散粒剂，在蔬菜移栽前 2～3 天，以 1 500～2 500 倍液进行喷淋幼苗，使药液除叶片以外还要渗透到土壤中。持续有效期可达20～30 天。

99. 如何防治黄瓜、甜瓜的霜霉病？

霜霉病是黄瓜、甜瓜全生育期均可以感染的病害，主要危害叶片。其病斑受叶脉限制多呈多角形浅褐色或黄褐色斑块，从而成为非常容易诊断的病害。叶片感病以后，叶缘、叶背出现水渍状病斑，逐渐扩展，受叶脉限制扩大后呈现大块状黄褐色角斑。湿度大时叶背长出灰黑色霉层，结成大块病斑后会迅速干枯。

防治方法：

（1）选用抗病品种 通过种植抗病品种，能够有效减轻危害。

（2）农业防治 清洁田园，切断越冬病残体组织传病，合理密植，高垄栽培、控制湿度是关键。地膜下渗浇小水或滴灌，节水保温，以利降低棚内湿度。清晨尽可能早的放风——放湿气，尽快进行湿度置换。放湿气时棚内雾气明显外流减少后即关风口以利迅速提高棚内温度。主要氮、磷、钾肥均衡施用，育苗时苗床土必须进行消毒和药剂处理。

（3）药剂防治 发现中心病株以前，可采用75％达科宁可湿性粉剂600倍液，或25％阿米西达悬浮剂1 500倍液，或80％大生可湿性粉剂500倍液喷雾。发现中心病株后立即全面喷药，并及时清除病叶带出棚外烧毁。普遍发生时可选择68％金雷水分散粒剂500～600倍液，或加入25％阿米西达悬浮剂1 500倍液治疗、预防同步进行，或72％克抗灵、72％霜疫清可湿性粉剂700倍液，或64％杀毒矾可湿性粉剂500倍液，或69％安克可湿性粉剂600倍液，或72.2％普力克水剂800倍液喷雾。

100. 黄瓜细菌性角斑病怎么预防呢？

该病害为细菌性病害，主要危害叶片、叶柄和幼瓜，整个生育期均可以发病。苗期感病子叶呈水渍状黄色凹陷斑点，叶片感病初期叶背为浅绿色水渍状斑，逐渐变成浅褐色病斑，病斑受叶脉限制呈多角形，这是与霜霉病症状容易混淆之处。但是细菌性角斑病感染后病斑逐渐变灰褐色，棚室温湿度大时，叶背面会有白色菌脓溢出，干燥后病斑部位脆裂穿孔，这是区别于霜霉病的主要特征。

防治方法：

（1）选用耐病品种 如津绿系列等。

（2）农业措施 清除病株和病残体并烧毁，病穴撒入生石灰消毒。采用高垄栽培，严格控制阴天带露水或潮湿条件下的整枝、绑蔓等农事操作。

（3）种子消毒 温汤浸种，55℃温水浸种30分钟，或每千克种子用硫酸链霉素200毫克，浸种2小时。

（4）药剂防治 预防可选用47%加瑞农可湿性粉剂800倍液，或77%可杀得可湿性粉剂500倍液，或27.12%铜高尚悬浮剂800倍液喷施或灌根。每亩用3～4千克硫酸铜撒施后浇水处理土壤可以预防细菌性病害。

101. 黄瓜疫病、炭疽病怎么区分和防治？

黄瓜疫病主要侵染叶、茎、果实。叶片典型症状是形成暗绿色水渍状圆形大病斑。子叶染病后，病斑凹陷，有浅褐色斑点，叶片病斑干枯初期呈青色，后期呈浅褐色，多微透明，高温干燥环境下病斑易破裂。幼瓜感染病菌后，初为水渍状暗绿色，逐渐缢缩凹陷，表面长出稀疏白霉层，腐烂，有臭味。

黄瓜炭疽病主要侵染叶片、幼瓜，苗期到成株期均可发病。典型病斑为圆形，初呈浅灰色，高湿条件下病斑呈圆形、椭圆形黄褐色，后期为红褐色。幼苗期发病，近地面部位变黄褐色，逐渐缢缩，致使幼苗折倒。瓜条染病后，病斑呈圆形，稍凹陷，初期浅绿色后期暗褐色，病斑表面有粉红色黏稠物。

防治方法：

(1) 农业防治 除选用抗病品种、轮作倒茬、土壤处理、种子包衣等相同的农事操作进行预防外，采用嫁接育苗可以较好地预防黄瓜疫病。进行高畦栽培，避免积水，棚室栽培采用膜下暗灌、滴灌，空气湿度不宜过大，发现中心病株及时拔除深埋。

(2) 加强管理 控制棚内温湿度，注意通风，不长时间闷棚等措施均有很好的预防黄瓜疫病的效果。预防黄瓜炭疽病，除通风排湿气、避免叶片结露和吐水珠外，进行地膜覆盖、采用滴灌降低湿度，可以减少发病机会；坚持在晴天进行农事操作，避免阴天整枝、绑蔓、采收等，避免因人为传染病害。

(3) 药剂防治 治疗疫病可用80％大生可湿性粉剂500倍液，或69％安克可湿性粉剂600倍液，或72.2％普力克水剂800倍液，或克抗灵800倍液喷施。茎基部感病可用68％金雷500倍液喷淋或涂抹病部，尤其是感病植株茎秆以涂抹病部效果更好。防治炭疽病除用大生、达科宁外，也可采用70％品润干悬浮剂600倍液，或25％凯润乳油1 500倍液，或6％乐比耕可湿性粉剂1 500倍液喷雾。

102. 甜瓜白粉病如何防治？

甜瓜全生育期均可感染白粉病，主要感染叶片，发病重时感染枝干、茎蔓。发病初期主要在叶面长有稀疏白色霉层，逐渐叶面霉层变厚形成浓密的白色圆斑。发病后期叶片变黄坏死。

防治方法：

(1) 农业防治 适当增施磷、钾肥和生物菌肥；加强田间管理，降低湿度，增强通风透光；收获后及时清除病残体，并进行土壤消毒。棚室应及时进行硫黄熏蒸灭菌和对地表进行药剂处理。

(2) 药剂防治 采用25％阿米西达悬浮剂1 500倍液预防，也可选用75％达科宁可湿性粉剂600倍液，或10％世高水分散粒剂2 500～3 000倍液，或80％大生可湿性粉剂600倍液，或43％菌力克悬浮剂3 000倍液，或2％加收米（春雷霉素）水剂400倍液喷雾防治。

103. 如何正确使用温室烟雾剂防病？

棚室蔬菜使用烟雾剂防治病虫害，具有简便易行、省工、省钱、效果好等突出优点，因而深受广大菜农欢迎，现已成为冬春棚室蔬菜防治病虫害的一种主要方法。正确使用烟雾剂防病的方法如下：

（1）正确选择烟雾剂 要根据病虫害的种类选择适宜的药剂品种。如黄瓜、番茄、韭菜等定植前，选用30%百菌清烟雾剂熏烟，可预防前期的霜霉病、灰霉病、早疫病；当黄瓜、番茄等发生叶霉病时，宜选用10%速克灵烟雾剂熏烟防治；防治蚜虫、白粉虱等虫害，可选用22%敌敌畏烟雾剂熏烟；若同时发生多种病虫害，则需要选择复合型烟雾剂。药剂一定选用正规厂家的小包装产品，以每包重量40～50克为宜，这样使用时可省去大包装分装的麻烦。烟雾剂不能稀释成溶液使用，如喷雾或灌根等。

（2）燃放前棚室要密封，燃放时间要正确 使用烟剂前要仔细检查整个棚室的封闭情况，修补好棚膜漏洞和缝隙，封闭通风口，确保整个棚室密封不透气。

（3）严格掌握用药量 根据棚室空间的大小，烟雾剂有效成分含量和作物不同生育期，合理确定用药量。棚室高大用药量应多，反之用药量应少；烟雾剂有效成分含量高的用药量应少，反之则应增加用药量；作物生长前期，由于幼苗柔嫩，抗药性差，易发生药害，用药量应酌情减少。施药宜在病虫害初发期进行，若病虫害发生较重时，应连续用药2～3次，施药间隔期5～7天。

（4）施药操作要规范 要选择靠棚室北墙的走道处摆放药剂，药剂不要靠近作物，避免燃放时发生药害。因棚室土壤湿度大，要将药剂放在干燥的砖瓦上。燃放点要均匀，一般每亩设4～5个燃放点，由里向外依次用暗火点燃，全部点燃后，迅速离开现场，封闭棚室。经过12小时熏蒸，打开棚室通风后，人员才能进入棚室作业。

104. 如何既能控制韭菜杂草，又能保证安全生产？

韭菜对乙草胺较敏感，不宜使用乙草胺进行土壤封闭处理。韭菜播种后出苗前，可以使用扑草净、二甲戊灵、仲丁灵进行土壤封闭处理。其中，扑草净主要用于防除阔叶杂草，二甲戊灵、仲丁灵可用于防除禾本科杂草和部分阔叶杂草。可以根据田间草相有针对性地选用。

韭菜生长期间，可以使用精喹禾灵、高效氟吡甲禾灵等茎叶处理剂防除禾本科杂草，对韭菜安全。有资料介绍，辛酰溴苯腈能防除韭菜田里的阔叶杂草，但使用不当可能造成触杀型药斑，大面积用药前应先进行小面积试验，以确保安全。

105. 怎样防治西瓜枯萎病？

首先，抓好农业防治，主要措施为：

①选择抗病品种。种植抗病西瓜品种是首选措施，如选用西农8号、丰抗8号等品种。

②嫁接栽培。由于西瓜枯萎病病菌难以侵染葫芦、瓠瓜、南瓜等，以这些作物为砧木进行嫁接换根，这种方法是解决西瓜枯萎病的较好途径。

③种子处理。用漂白粉2%～4%溶液浸泡30分钟后捞出并清洗干净，可杀死种子表面的枯萎病病菌及炭疽病病菌。

④慎用育苗土。育苗用的营养土应选用塘土、稻田土或墙土，禁用瓜田土或菜园土，农家肥要充分腐熟，不用带有病株残体的农家肥。

其次，开展综合防治，主要措施是嫁接换根，用葫芦或新土佐等高抗枯萎病的葫芦科作物作砧木嫁接西瓜品种，只要注意彻底断掉西瓜根，幼苗栽植时，不使嫁接口部位与土壤接触，就会有效地防止西瓜枯萎病的发生。

对没有嫁接的自根苗西瓜，要坚持“预防为主，综合防治”的植保方针，认真抓好农业防治、化学防治等综合防治措施。

最后，实施药剂防治，主要措施如下：

①发病初期，可用杀菌农药药液灌窝。用2.5%适乐时悬浮剂200倍液，或30%甲霜噁霉灵600倍液，或38%噁霜嘧铜菌酯800倍液，或4%农抗120（嘧啶核苷类抗菌素）水剂500倍液，或高锰酸钾1 300倍液，或50%苯来特可湿性粉剂500～1 000倍液，或50%琥胶肥酸铜可湿性粉剂500倍液，或10%双效灵水剂200倍液，或50%多菌灵可湿性粉剂500倍液，或50%苯菌灵可湿性粉剂100倍液，或50%代森铵水剂1 000～1 500倍液，或40%拌种双粉剂400倍悬浮液灌根。每株灌药液0.4～0.5千克。

②在坐果前喷洒果宝或细胞分裂素，可促进生长发育，增强抗病力。坐果初期喷洒10%双效灵水剂200倍液，或2.5%适乐时（咯菌晴）乳油100倍液，或30%甲霜噁霉灵600倍液，或38%噁霜嘧铜菌酯800倍液，或50%苯菌灵可湿性粉剂800～1 000倍液，或40%多硫悬浮剂或40%拌种双粉剂300倍悬浮液加黄腐酸4 000倍液，或50%多菌灵可湿性粉剂1 000倍液加15%粉锈宁可湿性粉剂4 000倍液，或用施保克加多菌灵或甲基托布津按9∶1混合后1 000倍液，防效更好。每隔10天喷一次，连喷2～3次，亩喷60千克，在晴天下午进行，以防日灼。

106. 大棚西瓜怎样进行病虫害防治？

大棚西瓜生长期主要害虫为蚜虫，为防治蚜虫，可在定植前于苗床先喷吡虫啉，膨瓜盛期，棚内蔓叶茂盛，空气流通较差，蚜虫发生较重，必须注意严密打药防治。主要病害有白粉病，应及早防治。膨瓜期应开始防治炭疽病，在生长中后期注意加强通风和降低棚内空气湿度，可大大减轻西瓜病害。大棚西瓜特别是支架栽培，由于西瓜果实处于良好保护条件下，受光良好，因而果形端正，皮色鲜艳，无阴阳面，可生产出高档的西瓜。

107. 保护地甘蓝易发生哪几种病害？如何进行防治？

保护地甘蓝容易发生黑腐病、软腐病、病毒病及霜霉病。

（1）黑腐病 可实行 2～3 年轮作。在发病初期应及时拔除病株并用 30%代森铵 1 000 倍液喷施。

（2）软腐病 避免与茄科、瓜类及其他寄生作物连作；及时防止跳甲、菜蛾等害虫，减少伤口；高畦种植，避免田间渍水；发病初期及时拔除病株，并在病穴及四周撒少许熟石灰；用链霉素 200 毫克/升或敌克松 500～1 000 倍液，每 7～10 天喷施一次。

（3）病毒病 选择抗病品种；适期播种，高温期注意适当降温，培育无病壮苗；苗期及时防治蚜虫。

（4）霜霉病 选用抗病品种；收获后应注意清除病残体；合理密植，加强水肥管理，降低田间湿度，增强植株抗病力；用 25%甲霜灵可湿性粉剂 600 倍液、64%噁霜·锰锌可湿性粉剂 500 倍液等药剂喷雾。

108. 辣椒定植后几天，茎基部发生褐色病斑，缢缩，植株已出现 10%左右的死棵，是什么病，怎样防治？

这是辣椒茎基腐病，而且发病相当严重，应立即采取措施灌根防治。方法是：53%金雷多米尔 50 克兑水 15 千克或 25%甲霜灵 500 倍液进行灌根，应在 10 天左右再灌根一次。

109. 辣椒秸秆上变色腐烂是什么病？

辣椒秸秆腐烂，色较浅，灰黄色，不生霉毛，软腐状的是细菌性软腐病，应该用链霉素或铜制剂防治。辣椒秸秆腐烂、色较浅生白毛的是菌核病，可喷用农利灵或多霉清或异菌脲防治。辣椒秸秆腐烂，黑褐色不生霉毛的是疫病，可用霜霉威或安克锰锌防治。

110. 辣椒叶片上出现一些黑褐色斑点，有的近圆形或不规则形，这是什么病？怎样防治？

这是辣椒细菌性叶斑病。浇水后遇到阴雨天，温度低，湿度大，易发病。请注意保温、排湿，发病初期可用77%可杀得500倍液喷雾防治。

111. 辣椒从茎基部近地面处烂表皮，只剩下茎秆，这是什么病？用什么药防治好？

这是菌核病。病菌在土壤中随流水传播。浇水后地湿发病重。此病一般不连片，个别植株死棵。发病后可用霉唑啶500倍液，或其他防治灰霉病的药兼治菌核病，直接喷洒根部。

112. 辣椒得了疫病，该用什么药治疗？

辣椒疫病的典型症状是茎秆水烂，变为黑色，个别叶片以叶边向内水烂，湿度大时产生稀疏白毛。辣椒疫病可用58%甲霜灵锰锌、64%杀毒矾或50%烯酰吗啉可湿性粉剂600倍液，喷雾防治。

113. 辣椒移栽前10天左右，主侧根发生腐烂，根结处黄褐色腐烂，茎基部发黑，死棵很严重，怎样防治？

这种情况属于辣椒根腐病、茎基腐病、疫病同时发生。一般农药无法取得很好的防治效果。在死棵较少、症状较轻的情况下，可用金雷（精甲霜灵·锰锌）35克，混加适乐时10毫升，兑水15千克灌根一次；如果综合性的症状较多，死棵又很严重时，可用金雷35克加普力克10毫升，再混加苯醚甲环唑（世高）10毫升兑

水 15 千克灌根，每株灌药液 100～150 克。

114. 辣椒死棵严重，主根的根尖部位发黑腐烂，是什么病？用什么药剂防治效果好？

此类病害为根腐病。以疫霉根腐病和腐霉根腐病居多，单一用药灌根效果不好。主要防治措施有以下几种：①甲霜锰锌（金雷）50 克加咯菌腈（适乐时）10 毫升，兑水 15 千克灌根。②双炔酰菌胺（瑞凡）10 毫升加苯醚甲环唑（世高）10～15 克，兑水 15 千克灌根。③精甲霜锰锌（金雷）50 克加 50%多菌灵 20 克，兑水 15 千克灌根。上述方法可轮换使用，连续灌根 2～3 次，防效达 96%以上。

115. 辣椒黑根死苗是什么病？怎么防治？

辣椒黑根一般是由疫霉菌引起的根腐病，属土传病害，严重时可造成死苗和死棵。防治时可采用金雷（精甲霜锰锌）或普力克 600～700 倍液灌根。如混配适乐时（咯菌腈）1 000 倍液或世高（苯醚甲环唑）1 000 倍液，防治效果更好。

116. 辣椒叶片背面发生白色粉状物，是不是得了霜霉病？如何防治？

这是白粉病，不是霜霉病。辣椒的霜霉病与白粉病都是以危害叶片为主。霜霉病在染病初期叶片正面病斑呈浅绿色，且受叶脉限制，而白粉病在染病初期，病叶正面出现褪绿色小黄点，后来逐渐扩展为边缘不明显的褪绿色黄色斑驳，不受叶面限制，没有规则。危害严重时，霜霉病会在叶片背面形成稀疏的白色霉层，病叶变脆变厚，并上卷，在叶柄处染病呈褐色水渍状，而辣椒白粉病背面产生的是白色粉状物，而不是霉层，并且病斑密布，严重时全叶变黄脱落，严重影响辣椒的产量及品质。

辣椒霜霉病发病适温为20～24℃，空气湿度大于85%的情况下发病严重，而白粉病是在15～28℃，忽干忽湿的情况下发病严重，可通过棚内温湿度条件判断辣椒得的是哪种病害。

辣椒霜霉病，可用72.2%霜霉威盐酸盐600倍液混合25%甲霜灵800倍液、58%瑞毒锰锌500倍液、72%霜疫清500倍液、72.2%普力克800倍液喷雾；辣椒白粉病，可用10%世高1 000倍液混合75%百菌清500倍液进行防治，下午喷洒，隔5～7天喷一次，连续2～3次，效果较好。

117. 辣椒茎秆发生变色的条斑是病毒病还是疫病？两者有什么区别？如何进行防治？

辣椒病毒病和疫病都可导致条斑发生，但有着明显的区别。

（1）条斑病毒病在茎秆上产生的条斑多在植株上部，生长点以下多见，不烂不明显。没有明显的侵入点，条斑发展较缓慢，果实上也会发生黄褐色长短不等的条纹。

（2）辣椒疫病大多表现为从茎基部或分叉处、果柄处入侵，可使茎秆周围变深褐色。上部死亡干枯，发病迅速而严重，多有叶片或果实水渍状腐烂。

防治技术：病毒病防治可采用叶面喷用病毒A加宁南霉素，每7～10天一次，连续防治2～3次；辣椒疫病则采用氟吗啉或烯酰锰锌或霜霉威进行喷雾防治。

118. 辣椒病毒病应该怎样防治？

辣椒病毒病的传播主要依靠害虫传播和人为传播，虫害主要是蚜虫、粉虱、蓟马、叶蝉等，人为传播主要是田间劳作，通过整枝、摘果等活动造成，植株上没有伤口，病毒是无法侵染的。病毒病只能预防，目前没有有效药物对其进行治疗。应明确“治虫防病”的理念，控制害虫危害，进而达到预防病毒病危害的目的。对

上述各种害虫可选用阿克泰、吡虫啉、啶虫脒、阿维菌素等进行防治，虫害达到防治指标后，要及时喷雾防治。同时，辣椒整枝后要及时喷施盐酸吗啉胍铜、宁南霉素、病毒酰胺中的一种。在发现病毒植株时，少量的可及时拔除，量大时要及时喷施以上药物防治，可混配2～3种药剂，连续防治3～5次。

119. 辣椒秆上发现有烂斑，一种呈黑色，不生毛，也不湿，另一种色浅，病斑湿，像脓一样，这分别是什么病害？怎么防治？

这两种病害分别是疫病和软腐病。

（1）疫病的症状特点及防治药剂　疫病属于真菌性病害，多从叶柄处、枝杈部位发生，色深褐色斑，不长霉毛，病斑较干燥，可发生快，传播快。可喷用普立克600倍液或灭克900倍液防治。

（2）软腐病的症状特点及防治方法　软腐病属于细菌性病害，辣椒感染软腐病后，受杂菌影响，病部出现脓状分泌物，并伴有腐臭味道。软腐病可采用喷用铜制剂配合链霉素防治。也可用普立克加DT600倍液进行防治，一般5～7天喷施一次，连喷2次。

120. 西瓜病毒病如何防治？

每年的5～6月，由于人们忙于夏收夏种而忽视了对瓜田的管理，再加上气温升高，西瓜病毒病一般发生较重。在田间管理上可采取以下措施，以预防病毒病的发生。

（1）防治蚜虫　及时喷药防治蚜虫，阻断病毒病传播的途径。喷药时要喷匀喷透，沟边、地头都要喷施，每隔7天喷一次，连喷2～3次。

（2）水肥管理　加强田间管理，增施磷肥和钾肥，并适时浇水，促使瓜苗生长健壮，提高植株抗病能力。同时，还要叶面喷施0.1%硫酸锌溶液。

(3) 喷药防治 田间发现病株要及时拔除，减少传染源，并叶面喷洒20%病毒A可湿性粉剂500倍液或1.5%植病灵1 000倍液，每隔5～7天喷一次，连喷3次。

121. 西瓜蔓枯病有哪些症状？如何进行科学防治？

西瓜蔓枯病是西瓜生产中的一种主要病害，其危害程度仅次于西瓜疫病。

(1) 症状特点 西瓜整个生育期地上部均可发病，主要危害瓜蔓、叶片和果实，引起叶、蔓枯死和果实腐烂。成株发病多见于茎蔓基部分枝处，病斑初为水渍状，表皮淡黄色，后变灰色到深灰色，其上密生小黑粒点，发病后期病部溢出琥珀色胶状物（俗称流黄水），干后为赤褐色小硬块，表皮纵裂脱落，潮湿时表皮腐烂，露出维管束，呈麻丝状。叶部发病多从叶缘开始，产生V形或半圆形黄褐色至深褐色大病斑，多具或明或隐的轮纹，其上产生小黑粒点，病斑易干枯破碎。

(2) 防治方法

①选用抗病品种。抗病性较好的品种有京欣、科诚、新农宝、郑抗等。

②农业防治。

A. 与大田作物（禾本科等作物较好）或非瓜类蔬菜作物实行3～5年轮作可减轻蔓枯病的发生。

B. 由于高温高湿、种植过密易发病，因此应选地势高、排水好、肥沃的沙质壤土地块种植，实行垄作栽培。

C. 及时修剪植株，保证通风透光良好。

D. 施足基肥，氮、磷、钾肥配合施用。

E. 及时排除田间积水，创造不利于病害发生的环境条件。

F. 植株发病后及时清除病株，收获后彻底清理田园植株残体及杂草，并集中深埋销毁，加强田园卫生，从而减少田间及越冬病原菌数量。

③物理防治。

A. 强光曝晒和高温消毒。将种子置于阳光下曝晒，每隔 2 小时翻动一次；将曝晒好的种子放入容器中，加入 80～90℃的水，搅拌 5 秒，然后加入凉水将温度降到 50～60℃。

B. 温汤浸种。将种子放入 55℃温水中浸泡 20 分钟后晾干直播。

④化学防治。

A. 苗床土壤处理。用 50%多菌灵可湿性粉剂或 70%甲基硫菌灵可湿性粉剂进行苗床土壤处理可预防蔓枯病。

B. 灌根防治。苗期四叶龄前用 10%世高水分散颗粒剂 1 200 倍液，或 75%敌克松可溶性粉剂 1 000 倍液灌根，每株灌 200～300 毫升。

C. 喷雾防治。在移栽前 3～5 天用 36%粉霉灵悬浮剂兑水喷雾，或用 20%施宝灵乳油 2 000 倍液喷洒苗床，带药移栽，均可减轻大田前期发病。

发病初期 10%世高水分散颗粒剂 1 500 倍液，或 75%百菌清可湿性粉剂 600 倍液，或 70%甲基硫菌灵可湿性粉剂 600～800 倍液，或 50%多菌灵可湿性粉剂 500 倍液喷雾，每隔 5～7 天喷一次，连喷 2～3 次，重点喷施植株中下部。蔓枯病病菌一般从整蔓后留下的伤口和裂蔓伤口侵入。因此，整蔓后及时对伤口及蔓部喷药至关重要。病害严重时，可用上述药剂使用量加倍后涂抹病茎，一般涂抹在流胶处，可促进伤口愈合。

八、测土配方施肥技术

（一）作物营养、土壤性质与施肥基础知识

1. 作物需要哪些营养元素？

作物从种子发芽到最后成熟的整个生长发育过程中，除需要阳光、空气、水分、温度等基础条件之外，还需要多种营养元素。目前确定的有17种，它们是碳、氢、氧、氮、磷、钾、钙、镁、硫、铁、锰、锌、铜、钼、硼、氯、镍。其中碳、氢、氧、氮、磷、钾、钙、镁、硫占作物干物质重的百分之几到千分之几，称为大中量营养元素，简称大中量元素；铁、锰、铜、锌、钼、硼、氯等含量占作物干物重的万分之几到十万分之几，甚至更低，这些称为微量营养元素，简称微量元素。

2. 营养元素之间能不能互相代替？

作物所需要的营养元素，在作物体内的含量差别，可达十倍、千倍甚至数百万倍，但是不管数量多少，都是同等重要的，不能互相代替，这是“各种营养元素同等重要与不可代替律”。例如作物缺氮，生长缓慢，老叶黄化，除施用氮肥外，施用其他任何肥料都不能减轻这种症状。

3. 不同作物需要的营养元素有什么区别？

不同作物之间，需要营养元素的区别主要在于数量、比例、时期以及对某些特殊元素的需求方面。同一作物不同品种，需要养分的数量与比例也不相同，这是由作物的遗传基因不同造成的。某些作物还需要一些特殊的元素，如水稻需硅、大豆需钴等。

4. 作物叶部为什么能吸收养分？与施肥有什么关系？

喷在叶面上的肥料可以通过气孔和叶片角质层细胞壁，再通过原生质膜进入细胞内部。叶片能够吸收养分，为施肥提供了一种新的方式，这就是叶面施肥。叶面施肥的优点：一是养分利用率高，吸收运转快，节省肥料；二是解决土壤对养分吸附固定使养分有效性降低的矛盾；三是表土水分缺乏，肥料无法从根部吸收，叶面施肥可以作为补救措施；四是作物生长后期，老化，活力下降，养分吸收减少，叶面施肥可以补充作物对养分的需求；五是叶面施肥可以改善农产品品质。

5. 作物不同生育阶段吸收养分有什么区别？

作物在不同生育期阶段，对营养元素需要的数量、浓度和比例有不同的要求。作物不同生育阶段吸收养分的规律是：生长初期吸收的数量较低，随着时间的推移，对养分的吸收量逐渐增加，到成熟期又趋于减少。不同作物吸收养分的数量、比例也不相同。小麦、水稻、玉米等单子叶作物，养分吸收高峰在拔节期，开花期则有所下降；而双子叶作物如棉花等，吸收养分高峰在初花盛花期。必须根据作物不同生育阶段，吸收养分的特性，确定施肥数量、比例，以满足作物需求。

6. 什么是作物营养临界期和最大效率期？与施肥有什么关系？

作物营养临界期，是指某种养分缺少或过多时，对作物生育影响最大的时期。在这个时期内，作物因某种养分缺少或过多而受到的损失，即使以后该养分供应正常时，也难以补救。作物营养最大效率期，是指某种养分能发挥其最大增产效能的时期。在这个时期作物对某种养分的需要量和吸收量都是最多的，这个时期也正是作物生长最旺盛的时期，吸收养分能力特别强，如能及时满足作物养分的需要，其增产效果非常显著。

7. 不同土壤施用同样肥料，效果为什么不同？

不同土壤有效养分含量不同，施肥效果也不同。肥沃、有效养分含量高的土壤，施肥效果差；有效养分含量低的土壤，施肥效果好；保肥性、供肥性好的土壤，肥料施入后不易损失，利用率高，容易发挥肥效；保肥和供肥性差的土壤，肥料施入后易损失，或者吸附、固定成迟效状态。不同土壤酸碱性不同，一方面影响作物在土壤上的生长发育；另一方面对肥料的有效性产生影响，直接反映到施肥的增产效果。例如速效磷肥，施在过酸或过碱的土壤上，易转化成植物难以吸收的迟效磷，影响磷肥的当季施用效果。

8. 同种肥料施在不同深度，效果为什么不同？

不同作物根系发育程度不同，即使同一作物不同生长期，根系在土层中分布的深度也不相同。合理施肥应该将肥料大部分施在根系密集的层次，施在根系活力最强的部位，这样有利于作物吸收。小麦、水稻的根系主要分布在 0～20 厘米土层内，而棉花的根系大

多分布在10～40厘米土层中，因此同种肥料对不同作物应施在不同深度。

9. 不同气候条件，施同种肥料，效果为什么不同？

作物生长状况以及施肥效果，与气候条件有密切关系。不同气候条件下，气温和地温大不相同，不仅直接影响作物生长、根系发育，也影响土壤中肥料的转化以及根系对肥料的吸收速度和数量。如水稻适宜土温为30～32℃，棉花适宜土温为28～30℃，玉米适宜为25～30℃。降水量不同，土壤水分差异较大，不仅直接影响作物根系发育，而且影响根系对养分的吸收。气候条件对施肥的影响是复杂的，合理施肥不仅要了解作物的营养生理特性，而且还要和外界环境条件结合起来，提高施肥的施用效果。

10. 氮肥施用过量，为什么有害？

在作物生长期，氮肥施用过量，会使作物出现疯长，贪青晚熟，容易倒伏并招致病虫害侵袭，最终导致空秕率增加，千粒重下降，产量降低。过量施氮，氮素在土壤中由于硝化作用，会转变成硝酸盐，硝酸盐在一定条件下会形成亚硝胺，而亚硝胺是致癌物质，对人类健康和环境都不利。

11. 地会不会越种越“馋”？

农民常说，土地和人一样，越种越“馋”，上一年施多少肥，获得多少产量，第二年还施同等的肥量，产量会下降，必须提高施肥量，才能维持原来的产量。从某种意义上说，这种认识有一定道理，而这个道理不是因为土“馋”造成的，而是由于作物收获后带走了部分养分，造成了土壤肥力的耗竭，必须及时加以科学补充。因此要通过土壤测验知道作物收获后，土地还有多少“家底”，什么营养够用，什么肥分缺乏，采取“对症下药”，缺什么补什么，缺多少补多少，做到配方施肥或平衡施肥，这样才能实现节省肥料、增加产量、提高经济效益的目的。

12. 合理施肥要掌握哪些原则?

施肥是农作物增产的重要手段之一，施肥是否合理，应该从农作物生态环境，从大农业的观点综合考虑。合理施肥应该掌握以下4个基本原则：①提高作物（包括果树、蔬菜等）的产量和品质；②提高土壤肥力，用地养地结合；③增加经济效益与社会效益；④不污染土壤、水质和作物。

13. 不合理施肥对农产品品质有什么影响?

不合理施用肥料直接影响农产品的营养品质（如蛋白质、氨基酸、维生素和矿物质含量）、卫生品质（即对人体健康产生不良影响的指标，如重金属汞、铅、铬、镉、砷等有毒元素，硝酸盐、亚硝酸盐及有害微生物大肠杆菌、沙门氏杆菌等），感官品质（外形、色、香、味等）和储藏品质。由于氮肥的不合理利用，往往导致硝酸盐在蔬菜、水果中累积从而进入人体，并在细菌作用下还原成亚硝酸盐，亚硝酸盐还可产生次级反应，形成强力致癌物——亚硝胺，诱发消化系统癌变；由于重金属在环境中的移动性差，不能或不易被生物体分解后排出体外，只能沿着食物链逐级传递，在生物体内浓缩放大，当累积到较高含量时就会对生物体产生毒性效应；不合理施肥将会造成作物营养比例失调，影响其正常生长发育及产品的营养品质，表现为瓜果畸形，口感不佳，含糖量低，适口性差，储藏性能不良；同时，由于作物营养失调，造成生理病害加剧，间接导致农药用量不断增加，形成恶性循环。

（二）测土配方施肥的原理与方法

14. 为什么要开展测土配方施肥？

长期以来，我国农村盲目施肥、过量施肥现象普遍。不仅造成农业生产成本增加，而且带来严重的环境污染，威胁农产品质量安全。特别是由于化肥价格持续上涨，直接影响春耕生产和农民增收。开展测土配方施肥是提高农业综合生产能力、促进粮食增产、农民增收的重大举措。组织实施好测土配方施肥，对于提高粮食单产、降低生产成本、实现粮食稳定增产和农民持续增收具有重要的现实意义，对于提高肥料利用率、减少肥料浪费、保护农业生态环境、保证农产品质量安全、实现农业可持续发展具有深远影响。

15. 测土配方施肥的理论依据是什么？

配方施肥主要的理论依据有：①养分归还学说；②最小养分律；③各种营养元素同等重要与不可替代律；④肥料效应报酬递减律；⑤生产因子的综合作用。

16. 什么是养分归还学说？

种植农作物每年带走大量的土壤养分，土壤虽是个巨大的养分库，但并不是取之不尽的，必须通过施肥的方式，把某些作物带走的养分“归还”于土壤，才能保持土壤有足够的养分供应容量和强度。我国每年以大量化肥投入农田，主要是以氮、磷两大营养元素为主，而钾素和微量养分元素归还不足。

17. 什么是最小养分律？

植物生长发育要吸收各种养分，但是决定作物产量的却是土壤中含量最小的养分，产量也在一定限度内随这个因素的增减而相对地变化。因而忽视这个限制因素的存在，即使较多地增加其他养分也难以再提高作物产量。养分最小律也称为水桶定律。

18. 什么是报酬递减律？

报酬递减律是指施肥与产量之间的关系是在其他技术条件相对稳定的前提下，随着施肥量的逐渐增加，作物产量也随之增加，但作物的增产量却随着施肥量的增加而逐渐递减。当施肥量超过一定限度后，如再增加施肥量，不仅不能增加产量，反而会造成减产。

19. 什么是各种营养元素同等重要与不可替代律？

植物所必需的 17 种营养元素，不论它们在植物体内的含量多少，均具有各自的生理功能，它们各自的营养作用都是同等重要的。每一种营养元素具有其特殊的生理功能，是其他元素不能代替的。

20. 测土配方施肥有几种方法？

各地推广的测土配方施肥方法归纳起来有三大类六种方法：第一类是地力分区（级）配方法；第二类是目标产量配方法，包括养分平衡法和地力差减法；第三类是田间试验法，包括肥料效应函数法、养分丰缺指标法、氮磷钾比例法。

21. 什么是地力分区（级）配方法？

地力分区（级）配方法，是利用土壤普查、耕地地力调查和当地田间试验资料，将土壤按肥力高低分成若干等级，或划出一个肥力均等的田片，作为一个配方区。再应用资料和田间试验成果，结合当地的耕作制度、施肥经验，计算出这一配方区内，比较适宜的肥料种类、其施用量及合理的使用方法。

22. 什么是目标产量配方法？

目标产量配方法是根据作物产量的构成，由土壤本身和施肥两个方面供给养分的原理来计算肥料的用量。先确定目标产量，以及为达到这个产量所需要的养分数量，再计算作物除土壤所供给的养分外，需要补充的养分数量，最后确定施用多少肥料。包括养分平衡法和地力差减法。

23. 什么是田间试验法？

田间试验法是通过简单的单一对比，或应用较复杂的正交、回归等试验设计，进行多点田间试验，从而选出最优处理，确定肥料施用量。

24. 配方施肥实施的步骤有哪些？

开展测土配方施肥主要有以下几项工作：

（1）收集土壤养分数据，获取施肥参数 已完成耕地地力调查与质量评价工作的农田要进一步系统汇总分析土壤有机质、全氮、速效氮、有效磷、速效钾、pH 及中、微量元素含量等土壤理化性状数据，确定土壤供肥能力基础参数。未开展耕地地力调查与质量评价工作的地块要对已有的土壤养分调查、肥力监测等相关资料进行收集，数据不全的，要进行土壤采样和养分测试，补充相关数据。同时，收集整理不同作物、不同土壤肥力水平下的肥料田间试验资料，组织有关专家对施肥参数进行审核和修正。

（2）划分施肥分区，制订施肥方案 按照土壤类型分布和作物布局，综合考虑土壤肥力、作物需肥规律、肥料效应状况及田间管理水平，划分施肥分区，制订配方施肥分区图。根据田间试验、土壤、植株测试数据，选定配方施肥方法，建立不同作物品种、不同土壤肥力水平的施肥指标体系。根据上述参数，制订配方施肥方案，确定不同区域主要作物品种一定目标产量和肥料利用率水平下的施肥结构、施肥数量、施肥时期和施肥方法。做到县有配方施肥分区图和定点配肥站（厂）或推介肥料生产企业，村有配方施肥指导方案宣传牌和配方肥供应点。

（3）开展技术培训，推广科学施肥技术 重点围绕粮食作物和高效经济作物，突出合理确定施肥数量、选择肥料品种、把握施肥时期和改进施肥方法等重点内容，编制培训教材和宣传挂图，广泛开展以测土配方施肥技术、肥料合理施用方法为主要内容的技术培训。县、乡两级要通过“大喇叭”“三电合一”（电视、电话、电脑）、广播讲座、“农技 110”咨询热线、科普宣传车等多种形式为农户提供及时、准确、权威的测土配方施肥技术和信息服务。同时，在作物施肥关键时期组织现场观摩会。通过对比试验示范、现场诊断测试、展示配方施肥技术和应用效果，引导农民科学施肥。如果条件允许还可录制系列专题片，应用远程培训网络等快速、便捷的现代化手段，将测土配方施肥知识传递到每个农户。

（4）完善服务体系，建立企业参与机制 各级农技推广部门加强测土、信息发布、配方施肥技术指导等公益性服务设施建设，抓住国家启动实施新一轮“沃土工程”“优粮工程”中标准粮田建设的机遇，落实好土地出让金用于耕地质量建设等政策，配套完善土肥分析化验仪器设备、田间试验基础条件和配肥服务相关设施，为测土配方施肥技术推广提供强有力的手段保障。积极探索市场经济

条件下“测土、配方、配肥、供肥、施肥技术指导”一条龙服务的新模式。采取有效措施，积极引导肥料生产企业和经营单位参与测土配方施肥服务，探索统一测土、定点配肥、连锁供应、指导服务等有效服务形式，形成多部门联合的测土配方施肥连锁服务体系。

(5) 建立示范方，展示测土配方施肥技术成果 县土肥站针对县域内优势农作物建立4～5个测土配方施肥技术示范方，通过宣传培训、召开现场会和示范方这一展示窗口，强化眼见为实的示范功能，使农民掌握配方施肥知识，真正用上配方专用肥，测土配方施肥技术落实到田间地头。

25. 如何制订合理的轮作施肥计划？

制订轮作施肥计划必须考虑下列几个因素：农作物的计划产量指标是多少，土壤的自然供肥能力如何，各种茬口农作物对肥料的反应，采用何种农业技术措施等。制订轮作施肥计划的方法和步骤如下：一是调查研究、收集核对各种基本数据，如当地轮作方式、土壤情况、肥源情况、作物对肥料的反应，以及气象、管理、机械水平等；二是预测轮作周期中各种作物对养分的需要量，并根据土壤供肥和作物吸肥制订养分平衡计划；三是制订轮作制中各茬口和各种肥料及施肥方式中肥料分配计划；四是制订轮作施肥计划的具体实施方案，并提出具体实施措施，使计划顺利执行。

(三) 化肥种类、性质与施用技术

26. 什么是化学肥料？

化学肥料的主要成分是无机化合物，是由化肥厂将初级原料进行加工、分解或合成的。例如，在高压、高温和催化剂的条件下，可将氢气和氮气合成氨，氨再与二氧化碳反应，最后生成尿素。又如，用硫酸分解磷矿粉可制得普通过磷酸钙。

27. 化学肥料有哪些优缺点？

与有机肥料相比，化学肥料所含肥料成分较高，由于有效成分含量高，因而体积小，运输和施用都较方便，但一次用量不能太多，否则会造成肥料和农产品的损失；除少数品种外，化肥大多易溶于水，易被植物吸收利用，是速效性肥料，但易潮解结成硬块，引起养分的损失或施用的不便；同时有的化肥所含副成分对土壤和作物会产生不良影响，而且有的化肥如硫酸铵在作物生长期单独使用会造成土壤板结；另外，施用化肥过多还可能导致环境的污染。所以施用化肥，要根据化肥性质，结合其他作物生长条件如气候、土壤等合理施用。

28. 什么是化肥的有效成分和副成分？

化肥的有效成分是指化肥中可被作物吸收利用的主要营养元素，以该元素的重量百分含量来表示，如氮素以 N%、磷素以 P_2O_5%、钾素以 K_2O%表示，复混肥料以 N-P_2O_5-K_2O%表示。除主要营养元素外，化肥所含其他成分都称之为副成分，如硫酸铵含氮 20%～21%，以施氮肥为目的，硫酸根是副成分；过磷酸钙的有效成分是磷酸二氢钙的水合物及少量游离的磷酸，副成分是无水硫酸钙等。

29. 哪些化肥是酸性肥？哪些是碱性肥？

化肥具有两种不同的反应，即化学反应和生理反应。化学反应指肥料溶于水中以后的反应，如过磷酸钙溶液是酸性，碳酸氢铵溶液是碱性，尿素、氯化钾溶液是中性等。生理反应是指肥料经过作物选择吸收后产生的反应，例如硫酸铵，作物吸收铵离子比硫酸根离子多，从根胶体上代换出较多氢离子，增加土壤酸性，称之为生理酸性肥料；又如硝酸钠，作物吸收硝酸根离子比钠离子多，从根

胶体上代换的碳酸根离子与钠离子结合成碳酸钠水解后产生氢氧根离子，增加土壤碱性，所以硝酸钠为生理碱性肥料。另外有一类生理中性肥料，如硝酸铵，它们施入土壤后，土壤反应不起变化。

30. 化肥酸碱性和施肥有何关系？

掌握肥料的酸碱性，对合理施肥会有很大帮助。土壤的酸碱度既能直接影响土壤中养分的溶解和沉淀，又能影响微生物的活动，间接影响土壤养分有效性。因此，碳酸氢铵、钙镁磷肥等碱性肥料宜施用在酸性土壤上。这样，就不会导致土壤酸化，降低磷肥有效性，造成钾、钙、镁等养分的淋失，还可以改善硫、钼养分的活性。在石灰性土壤上宜施用过磷酸钙、硫酸铵、氯化铵等酸性和生理酸性肥料，提高土壤酸性，使磷不易与钙结合生成难溶的磷酸钙盐类而降低磷的有效性，也可提高硼、锰、铁、铜的有效性。

31. 常用的化肥有哪些种类？

按化肥中营养元素的分类，我国目前常用的化肥分为六大类：

（1）氮肥 即以氮素为主要成分的化肥，如尿素、碳酸氢铵等。

（2）磷肥 即以磷素为主要成分的化肥，如过磷酸钙。

（3）钾肥 即以钾素为主要成分的化肥，主要品种有氯化钾、硫酸钾等。

（4）复混肥料 肥料中含有氮、磷、钾三要素中的两种称为二元复混肥料，含有氮、磷、钾 3 种元素的复混肥料称为三元复混肥料。

（5）微量元素肥料和某些中量元素肥料 前者如含有硼、锌、铁、钼、锰、铜等微量元素的肥料，后者如钙、镁、硫等肥料。

（6）对某些作物有利的特殊肥料 如水稻上施用的钢渣硅肥等。

32. 如何识别真假肥料?

(1) 包装鉴别法

①检查标识。国家有关部门规定，肥料包装袋上必须注明产品名称、养分含量、等级、净重、标准代号、厂名、厂址；磷肥应标明生产许可证号；复混肥料应标明生产许可证号和肥料登记证号。商品有机肥、叶面肥、微生物肥等新型肥料要标明肥料登记证号。如果没有上述标识或标识不完整，则可能是假冒或劣质肥料。

②检查包装袋封口。对包装袋封口有明显拆封痕迹的肥料要特别注意，这种现象有可能掺假。

(2) 形状、颜色鉴别法

①尿素。为白色或淡黄色，呈颗粒状、针状或棱柱形结晶体，无粉末或少有粉末。

②硫酸铵。为白色晶体。

③氯化铵。为白色或淡黄色晶体。

④碳酸氢铵。呈白色粉末或颗粒状结晶。

⑤过磷酸钙。为灰白色或浅灰色粉末。

⑥重过磷酸钙。为深灰色、灰白色颗粒或粉末。

⑦硫酸钾。为白色晶体或粉末。

⑧氯化钾。为白色或淡红色颗粒。

(3) 气味鉴别法 如果有明显刺鼻氨味的颗粒是碳酸氢铵，有酸味的细粉是重过磷酸钙。如果过磷酸钙有很刺鼻的怪酸味，则说明生产过程中很可能使用了废硫酸，这种化肥有很大的毒性，极易损伤或烧死植物，尤其是苗床不能用。需要提醒的是，有些化肥虽是真的，但含量很低，如劣质过磷酸钙，有效磷含量低于8%（最低标准应达12%），这些化肥属劣质化肥，肥效差，购买时也要注意。

33. 如何施用碳酸氢铵才能提高肥效?

碳酸氢铵是我国氮肥的主要品种之一。其含氮量较低（17%），常温下易分解挥发，施用好碳酸氢铵，提高其肥效，对农业生产很有现实意义。虽然碳酸氢铵易于分解产生挥发氨，但是氨蒸气易在土壤中被碳化、解离，并被土粒和有机物等吸附，可避免淋失。因此无论在水田或旱地施用，碳酸氢铵均宜深施，一般为6～10厘米为宜，施后立即耕翻或覆土；若不能深施，则应结合灌水施用碳酸氢铵，水田可保持7～10厘米水层，撒施碳酸氢铵后2～3天不落水，但要避免沾污灼伤植株。另外，对干旱作物宜将碳酸氢铵用在气温较低的季节，主要作底肥用。

34. 为什么尿素含氮量高而肥效比其他氮肥慢?

尿素是一类重要的氮肥品种，含氮46%，是固体氮肥中含氮量最高的品种。尿素是化学合成的有机酰胺态氮肥，和铵态氮肥、硝态氮肥不同，尿素中的氮要经过一段时间的转化，在土壤微生物分泌的脲酶作用下最终生成铵离子，才能为作物吸收利用。所以肥效较铵态氮肥、硝态氮肥迟几天，一般夏天需3天左右，秋季需6～7天。若要用尿素追肥，需提前几天施用。

35. 哪些氮素化肥不宜作种肥?

用作种肥的氮素化肥，应考虑其对种子有无不良影响。氯化铵含氯离子，高浓度下对种子有一定毒害作用，不宜使用；尿素能使蛋白质变性，也不宜作种肥。

36. 什么是“以磷增氮”？具体做法如何？

在含有绿肥等豆科作物的轮作中，将磷肥施用在豆科绿肥茬口上，这样可显著促进豆科绿肥的根瘤发育，提高生物固氮量，使绿肥获得额外的生物氮，也有利于绿肥充分吸收磷肥转化中的亚稳态磷酸盐，达到“以磷增氮”，以小肥换大肥的目的。

37. 过磷酸钙有什么特性？在过酸过碱土壤上施用为什么效果不好？

过磷酸钙简称普钙，含 P_2O_5 12%～18%，是水溶性的速效磷肥。过磷酸钙在土壤溶液中溶解后，对作物的有效性很高。但在强酸性土壤中，与铁、铝等离子结合，形成很难被作物吸收利用的磷酸铁、磷酸铝及磷酸钙盐类，从而降低过磷酸钙的当季有效性。而在石灰性土壤中，与钙离子结合，成为磷酸钙盐类，降低肥料的当季有效性。所以，过磷酸钙适用于中性的土壤。

38. 为什么过磷酸钙集中施比撒施效果好？

由于磷酸根在土壤中易被钙或铁、铝等离子固定，有效性大大降低，因此，施用时要以减少其与土壤的接触面而增加其与根系的接触面为原则，充分发挥磷的位置效应。将过磷酸钙集中施用，特别是在用量不大的情况下，效果很好。一般磷肥作基肥施用，集中施用于作物根系附近，可以减少肥料和土壤颗粒的接触表面积，从而降低磷的固定速度；同时施肥点的磷酸根浓度提高，增大了磷源和作物根系的浓度差，有利于磷酸根离子向根系扩散，也有利于根系的吸收。

39. 为什么过磷酸钙与有机肥混施比单独施好？

过磷酸钙与有机肥混施，有机肥中的有机胶体和粗有机质可保护水溶性磷酸盐，防止其与铁、铝、钙等离子接触，避免它们与磷酸根的接触固定；有机肥还能改善土壤的 pH 条件，利于过磷酸钙发挥肥效。另外，磷肥的施用也有利于有机肥的保氮，减少有机肥的氮损失。但是，过磷酸钙与一些有机肥如泥肥等堆沤的效果不一定好。

40. 用过磷酸钙拌种要注意什么问题？

过磷酸钙是水溶性的磷肥，可以拌种施用，但是，目前许多小厂生产的过磷酸钙，其游离酸的含量往往大于 5%，不少还含有三氯乙醛，若与种子直接接触，容易伤种。若作种肥时，可掺 2～5 倍干细腐熟有机肥，拌匀后与浸湿的种子拌和，这样可减少它们直接接触的机会，避免毒害。

41. 过磷酸钙与碳酸氢铵能否混合施用？混施多少碳酸氢铵合适？

过磷酸钙含有磷酸根离子，碳酸氢铵中含有铵离子，两者混合，会生成磷酸铵，这一过程可减轻氨的挥发。但是，碳酸氢铵具有化学不稳定性、吸湿性和结块性，这些问题的主要根源是其含有的水分，而目前作为商品的过磷酸钙常含有一定数量的游离酸，吸湿性很强，含有效磷低的过磷酸钙更是如此，若两者混合，在生成磷酸铵的同时，碳酸氢铵会吸收过磷酸钙中含有的水分，加速氨的挥发。过量碳酸氢铵与过磷酸钙混合，会使速效磷降低，磷肥退化。就物理性状看，混合后的肥料更易结块，施用困难。

42. 钙镁磷肥有什么特性？

钙镁磷肥是磷矿加上一定比例的含镁、硅矿物，在高温下熔融、脱氟成玻璃态物质后冷却、干燥、磨细制成的。为灰绿色粉末，呈碱性，腐蚀性小，不吸湿结块，其含 P_2O_5 16%～22%，是可溶性的磷肥。钙镁磷肥的施用效果与肥料细度、作物种类、土壤反应及施用方法有关。

43. 磷肥为什么作底肥比追肥效果好？秧田比本田效果好？

磷肥最好在移栽时作基肥施入，这是因为作物磷肥营养临界期一般都在生育早期，如水稻、小麦在三叶期，棉花在 2～3 叶期，油菜在五叶期以前，这一时期作物对磷素的需要绝对量虽然不大，但此时因缺磷造成的损失，是以后不能靠追施磷肥来补偿的。因此，用少量过磷酸钙等拌种、蘸秧根等，是充分发挥磷肥肥效的重要方法。

44. 水旱轮作磷肥为什么应该施在旱田？

在水旱轮作中，土壤经历着由干变湿和由湿变干的过程，水田土壤在由干变湿的过程中，渍水条件下 pH 的改变和 Eh 降低，水分增加，可使有效磷的含量增加，而在土壤由湿变干且冬季气温较低时其有效磷的含量常常降低，这就使得施在旱作上的磷肥，对后作水稻有较大的后效，而施在水田上的磷肥对后茬旱作的贡献较小。因此，土壤中的磷以磷酸铁盐的形态为主的条件下，施磷的重点放在旱作上，而以少量磷肥蘸秧苗根，以满足水稻苗期的需要，这样可提高磷的效果，充分发挥磷的增产作用。如果旱作是豆科作物，则还可以起到“以磷增氮”的作用。

45. 钾对作物有哪些生理功能？

钾是植物生长发育的必需元素之一，它在植物体内含量较高，分布较广，是移动性极强的元素之一，主要呈离子态或可溶态钾盐形态，存在于生命最活跃的器官和组织中。钾可增强光合作用，促进光合产物的运转；钾是重要的品质元素，对改善作物品质有着很多作用，如钾可增加棉花纤维长度；钾还可提高作物的抗性，促进作物表皮组织和维管组织的发育，加强细胞持水力，减少植物蒸腾作用，从而增强作物抗旱能力；钾能增加作物体内糖分储备，提高细胞渗透压，增强作物抗寒性能。

46. 硫酸钾的性质和施用方法如何？

硫酸钾一般呈白色至淡黄色粉末，含 K_2O 50%～52%，是化学中性、生理酸性肥料，它易溶于水，不易吸湿结块。因此，施用硫酸钾应首先考虑到它是生理酸性肥料，在酸性土壤上长期施用可能引起土壤酸化板结，在酸性土上施用硫酸钾时要配合石灰施用。硫酸钾不含氯根，对一些忌氯又需钾较多的作物如茶树、烟草、马铃薯、甘蔗等施用硫酸钾，可取得较好效果。硫酸钾也可以施在油菜、大蒜等喜硫作物上。

47. 氯化钾适宜什么土壤和作物？怎样施用？

氯化钾一般呈白色、红色或杂色，含 K_2O 50%～52%，易溶于水，是目前我国应用最广泛的钾肥品种。氯化钾也是生理酸性肥料，最适宜在石灰性、碱性土壤上施用。氯化钾不能在盐渍土上施用，否则使盐害加重。氯化钾含有氯离子，氯离子与作物品质有关。目前，氯对某些经济作物的影响程度还没有明确的结论。一般在忌氯作物如烟草、马铃薯、甘蔗、茶树、柑橘、甘薯等作物上要谨慎施用，注意控制用量，最好作基肥早施，结合灌水以使氯淋洗到土壤深层，减轻氯害。

48. 为什么说草木灰是很好的钾肥？如何保存和施用？

草木灰是植物体燃烧后所产生的灰烬，在我国商品钾肥不足，农村多以稻草、秸秆、木柴作燃料情况下，它成为农业生产上一种重要的钾肥。草木灰的成分很复杂，含有作物体内各种灰分元素，以含钾、钙最多，一般含 K_2O 5%～10%，其钾多以碳酸钾形态存在。草木灰中的钾易淋失，应存放在室内、棚内以免钾素淋失。草木灰呈碱性，不宜与铵态氮肥混存或混施，也不应加到人畜粪尿中去，以免铵态氮变成氨气而挥发损失。草木灰含钙较多，不宜与过磷酸钙混存，以防磷的老化。草木灰可作基肥、追肥，最适用作育苗床的盖种肥，这样既可提供养分，又疏松土壤、提高土温。

49. 什么土壤和作物施用钾肥有效？

钾肥应首先施用在缺钾土壤上。土壤供钾情况决定了钾肥施用的效果。在实际中，应根据土壤供钾能力的大小，优先将钾肥施用在速效钾含量低，缓效钾储量少，而释放缓慢的土壤上。一般以水稻、小麦为种植对象的土壤，其速效钾（以 K_2O 计）含量在 40～80 毫克/千克时施钾有效。钾肥应优先施在有足够的磷、氮水平而产量水平低的土壤上。质地粗的沙土供钾肥力低，速效钾易淋失，也应考虑钾肥的优先施用。各种作物的需钾量和吸钾能力不同，对一些喜钾作物如烟草、马铃薯、甜菜、甘蔗、香蕉等可多施钾肥，可在增产的同时提高品质。对增产幅度大的豆科绿色也可多施，“以钾增氮”。对需钾量大的高产矮秆良种要注意钾肥的施用。

50. 什么是微量元素肥料？常用的有哪些？

微量元素在土壤中含量很低，一般含量为百万分之几。植物所需要的微量元素有铁、锰、铜、锌、硼、镍、氯和钼，与大量元素一样，这些元素也是植物必需的营养元素。我国目前常用的微量元素肥料主要有硼砂、硫酸亚铁、硫酸锌、硫酸锰、硫酸铜、钼酸钠、钼酸铵等。这些肥料可根据本身的性质，结合土壤和植物情况，单独土施、叶面喷施、种子处理、蘸根等，或几种微量元素肥料混施，或与大量元素肥料、农药、生长调节剂等混施，以节约肥料，方便施用，但要注意离子间的相互作用，防止失去有效性。

51. 哪些土壤和作物容易缺硼？

含有游离碳酸钙的石灰性土壤易缺硼，酸性土壤过量施用石灰会导致硼的有效性降低。各种作物对硼有着不同要求，硼肥的效果也不一样。一般十字花科、豆科植物如油菜、大豆等对硼的要求较高，对施肥有良好反应；各种根茎作物如甜菜、马铃薯、胡萝卜以及纤维作物、果树等对硼的要求量也很大；禾本科粮食作物需硼量较少。

52. 如何施用硼肥？

一般在土壤水溶性硼低于0.5毫克/千克时施用硼肥。作物需硼的总量不大，适量和过多造成毒害的范围很窄，所以首先要注意用量，施用均匀，避免造成局部毒害。一般土壤撒施硼肥是最普遍采用的方法，需硼较多的作物用量为0.25～0.5千克/亩，而一般作物适宜用量为0.25千克/亩（硼砂），叶面喷硼浓度为0.05%～0.2%，可采用易溶的硼砂。有资料表明，在沙性淋溶强烈的土壤上，叶面喷硼和条施硼肥效果相近而优于撒施。因硼易对种子产生毒害，只在严重缺硼地区采用硼砂溶液浸种和拌种的方法。硼肥的最佳施用期在作物生长前期和由营养生长转入生殖生长的时期。为了防止施硼过多或施硼不均匀，可施用溶解度低的含硼玻璃肥料或硼镁肥等，以减缓硼释放速度。一般硼在土壤中残效较小，需年年施。

53. 哪些土壤和作物容易缺锌？

土壤缺锌的原因一般为以下几种情况。一是成土母质缺锌的土壤，如花岗岩发育的土壤；二是含有有机质较高的石灰性水稻土，因有机质的吸附使锌的有效性降低；三是过量施用磷肥的土壤和某些因恶劣环境条件而限制了根系发育的土壤。土壤缺锌易使一些作物产生生理病害，如果树缺锌则幼叶硬、面小，引起簇叶，称为小叶病；水稻缺锌，坐蔸，植株矮小，分蘖延迟，根系小，生育期后延，空壳率高；玉米缺锌导致叶片失绿呈花白色，抽雄吐丝期延迟，果穗缺粒无尖。除水稻、玉米、果树对锌敏感外，亚麻、小麦、花生、大豆、豌豆等也易缺锌。

54. 如何施用锌肥？

土壤施锌是最常用的方法，撒施、条施皆可，撒施时要结合耕耙，播种或移栽前是土壤施锌的最佳时间，一般每亩施用1.5～5.0千克（硫酸锌）；叶面喷施适用于果树类和蔬菜类，只是作物出现缺锌症状时的应急措施，适用于作物生长早期，浓度一般为0.05%～0.1%硫酸锌，果树可用0.5%硫酸锌溶液；种子处理时可用0.1%硫酸锌溶液浸种或用作水稻、棉花等种子包衣；而用2%～4%氧化锌悬液蘸秧根是经济有效的方法。锌在土壤中的残效一般为3～5年，要根据土壤，植株分析结果决定是否施用锌肥。

55. 如何施用钼肥？

钼肥价格昂贵，且容易由于施用不均而造成不良影响，故一般不用土壤施钼的方法，若土壤施钼，一般用量为8～24克/亩钼酸铵，蔬菜类可适当增加；叶面喷施是目前最常用的钼肥施用方法，喷施浓度一般为0.01%～0.1%钼酸铵或钼酸钠溶液，一般在苗期和花前期喷施效果较好；种子处理也是目前常用的方法，可用0.05%～0.1%钼酸铵溶液浸种12小时，也可按每千克种子2～6克钼酸铵的用量，将钼酸铵溶解、稀释、冷却后拌种。种子处理同叶面喷施结合，能节省肥料，及时有效地补充植物生长所需的钼。

56. 如何施用锰肥？

锰与豆科作物生长有较为重要的关系，大豆、花生、豌豆、豆科绿肥等对锰肥有良好反应。此外，在缺锰土壤上，对小粒谷物、烟草、棉花、油料、甜菜等施用锰肥，效果也很好。常用锰肥品种为硫酸锰，另外还有氧化锰、氯化锰、含锰矿渣等。可溶性的锰肥施到中性与石灰性土壤中容易成为不活状态，所以基肥多推荐条施，以氧化锰、含锰矿渣等溶解度低的锰肥为佳，配合酸性肥料更好；一般用0.05%～0.1%硫酸锰喷施是矫正植物缺锰的最有效方法，锰的需要量较大，可喷2～3次，喷施应适期，如棉花盛蕾期至棉铃形成初期，大豆的花前期和初花期等；种子处理一般以每千克种子4～8克硫酸锰的量拌种，或用0.1%硫酸锰溶液浸种半天至一天。锰肥的残效不明显，应注意年年施。但施用工业废料则要注意防止重金属污染。

57. 如何施用铁肥防治黄叶病？

缺铁现象在石灰性土壤上最为常见。作物缺铁的主要症状是失绿症，也就是黄叶病。目前施用的铁肥主要是硫酸亚铁，施用方法有基施、喷施、树干注射等。由于铁在土壤中易被固定，在植物中移动性差，基施时可将铁肥与有机肥混施，在播前或移栽前施用；在植物出现缺铁症状时，喷施0.1%～1%硫酸亚铁，连喷几次，比土施效果好；对于木本植物还可用固体或液体硫酸亚铁塞入或注入树干。近来，螯合铁肥也逐渐得到运用，黄腐酸铁、Fe-EDDHA、Fe-EDTA、Fe-DTPA等肥料不论是土施或叶面喷施，效果都较好。铁在土壤中残效不明显，需年年施用。

58. 施用大量元素对微量元素吸收有什么影响？

大量元素肥料的施用，对微量元素的吸收利用有影响，有的有助于吸收，有的则有妨害。氮肥、钾肥施用量过大，会使作物吸硼减少，磷肥用量过大，会因磷锌交互作用而使作物吸锌量减小。一些生理酸性肥料如氯化铵、氯化钾、硫酸铵等的施入，在缺锌、铁的土壤上常会因降低土壤pH而提高锌、铁等的活性，同时，在缺铝的酸性土上，则加重了缺钼症状。石灰的过量施用常会过高提高土壤pH，而使土壤缺锌、硼，同时，石灰的施用可改善缺钼酸性土中钼的有效性。此外，大量元素的施用提高了产量，可促进微量元素的吸收。大量施用氮、磷、钾肥，不配合施用微肥，改变了土壤环境条件，会导致土壤中微量元素缺乏，需施用微肥。

59. 什么是复混（合）肥料？

复混（合）肥料是指含有作物主要营养元素氮、磷、钾中的两种或两种以上的化肥。根据制造方法的不同，可分成化学合成复合肥料和混成肥料两大类，前者是通过复杂的工艺流程，经化学反应制成的，如磷酸铵、硝酸磷肥、硝酸钾等；后者是将几种单元肥料或化学合成复合肥料经机械掺混、造粒而成的肥料。

60. 复混（合）肥料有哪些优点？

复混（合）肥料是随着农业生产的发展而逐步发展的。随着作物产量的提高和农业施肥理论和技术的发展，农业施肥已从带有盲目性的习惯施肥转向科学施肥，混成肥料（配方肥）考虑了土壤类型、肥力水平、作物种类和气候条件，避免了土壤中某些养分的短缺，避免了养分的浪费，达到科学、经济施肥的目的，适用于目前“测、配、产、供、施”一条龙的农化服务体系。而化学合成复合肥料具有副成分少，对土壤不良影响小，物理性状较好，便于运、储、施的优点，可在一定程度上达到平衡施肥的目的。

61. 复混肥料有效成分如何表示？

复混肥料的有效成分，一般按 N-P_2O_5-K_2O 次序分别用阿拉伯数字表示其重量百分比，如组成为 15－7－8 的复肥含 N 15%，P_2O_5 7%，K_2O 8%。而 15－15－0 则表示含 N 15%，P_2O_5 15%，不含钾，以此类推。目前，我国复混肥国家标准要求总养分含量必须大于 25%，其中单一养分含量不低于 4%。若肥料中含有其他大量元素或微量元素，则将这些元素的含量写在后面，并标明是哪一种元素，如 10－10－10－5S 则表示除 N、P_2O_5、K_2O 外含 S 5%。

62. 什么是 BB 肥？其特点是什么？

BB 肥名称来源于英文 bulk blending fertilizer，又称掺混肥，它是将单元肥料（或多元肥料）按一定比例掺混而成。其特点是氮、磷、钾及微量元素的比例容易调整，可以根据用户需要生产出各种规格的专用肥，比较适合测土配方施肥的需要。正因为其灵活多变的特点，在微机的控制下，用户所需肥料在几分钟之内即可生产出来。BB 肥在国外发展很快，这种掺混工艺在 20 世纪 50 年代在美国兴起。目前 BB 肥在美国的销售量占施肥总量的 45%，在复混肥中的比例超过 60%。我国的 BB 肥起步较晚，市场占有率很低。因此加快研究和开发农村需要的 BB 肥，是市场的需要，是农业发展的需要。

63. 磷酸铵的性质如何？怎样合理施用？

磷酸铵是目前我国化学合成复合肥料的当家品种，是氮、磷二元复合肥，它包括磷酸一铵（12－52－0，10－50－0）、磷酸二铵（18－46－0，16－48－0），国产以磷酸二铵为主。磷酸铵养分含量高，含杂质和其他副成分少，一般不吸湿结块，长期施用不会造成土壤物理性质的破坏和有毒物质的污染。磷酸铵施入土壤后，借助于氮的活性，磷酸根离子的移动较过磷酸钙中的磷酸根快，易被植物利用，对当季作物的贡献大。磷酸铵有效成分浓度高，适用于几乎所有土壤和作物，其肥效可与等养分的单质化肥配合施用一致，但它节省了储、运、施的费用，因而受到欢迎。施用时要注意的是，磷酸铵是以磷为主的复合肥，在多数情况下不可单独作基肥或追肥，要配合氮肥施用。

64. 磷酸二氢钾的性质如何？怎样合理施用？

磷酸二氢钾是含磷、钾的二元复合肥，养分式为 0－24－27，它为灰白色粉末，吸湿性小。物理性状好，易溶于水，是一种很好的肥料，但价格高，所以目前多用于根外追肥和浸种肥。一般可用 0.1%～0.2%磷酸二氢钾喷施，喷施时间以作物生殖生长期开始时为佳，小麦在干热风到来以前，喷施磷酸二氢钾，可以有效地减少灾害损失。另外 0.2%磷酸二氢钾溶液浸种也可取得一定的增产效果。

65. 什么是叶面施肥（根外追肥）?

作物除根部能吸收营养元素外，叶部也可以吸收养分，利用作物的这一特点，可以选择一定的肥料浓度的溶液，直接喷施于作物叶片上补充根部营养的不足，这就称为叶面施肥，又称根外追肥。

66. 叶面施肥有什么好处?

叶面施肥有助于植物生长发育：①叶片对养分的吸收和转运比根部快，叶面施肥能较快为植物吸收，所以，当作物某一时期有特殊营养要求，而根部吸收速度跟不上，叶面施肥可取得好效果。②叶面施肥可避免肥料进入土壤被固定转化，如微量元素 Fe、Mn、Cu、Zn 等，叶部喷施直接供给作物需要，避免被土壤固定。③叶面喷施氮、磷肥能加强叶片的光合作用和根活力，所以，在作物生长后期喷施这些肥料能延长功能叶片的寿命，促进根系新陈代谢，达到提高产量，改善品质的目的。④叶面施肥在量上容易掌握，可与杀虫剂同喷，因而可减低费用。⑤可提高肥料利用率，减少环境污染，降低农业成本。

67. 哪些化肥可以叶面喷施?

最适于作叶面喷施的化肥有尿素、磷酸二氢钾、硝酸钾、硫酸铵、硫酸钾、过磷酸钙及一些可溶性微肥等。非水溶性的化肥、具有挥发性氨的肥料不能用作叶面喷肥。

68. 叶面施肥的技术要点是什么?

叶面施肥，应掌握溶液的浓度、酸碱度，喷施的时间，喷肥的部位及喷肥的次数等。叶面施肥溶液的浓度因肥料而异，一般大量元素肥料为0.1%～0.2%，大田作物除幼苗期和生长衰弱期，施用尿素可放宽至5%左右。微量元素的喷施浓度一般为0.01%～0.1%，单子叶植物叶面积小，角质层较厚，可适当加大浓度。在溶液主要供给阳离子时，溶液应调至微碱性；主要供给阴离子时，溶液应调至弱酸性。喷肥时间在傍晚或在有露水的早晨为宜，应避免风雨天，使肥料溶液能在叶片表面停留较长时间。另外，应选择合适的喷肥器具，以雾状喷肥效果最为理想。

69. 不同作物叶片，对喷肥养分吸收速度如何？

一般双子叶植物如棉花、豆类、油菜、叶菜类蔬菜等，叶面积较大，角质层较薄，溶液中的养分易被吸收；水稻、小麦等单子叶植物，叶面积较小，角质层较厚，吸收溶液中的养分较双子叶植物困难，应加大根外追肥的浓度来增加植物吸收。

70. 叶面施肥能不能和喷施农药结合进行？

肥料与农药配合施用进行肥药混喷是近年来农业上采用的一项新技术，因为它可以节省劳力、提高工效，很多情况下还可以增强肥效和药效。但因为大多数农药是复杂的有机化合物，与肥料混合必然带来一系列化学的、物理的、生物的问题，所以也并不是所有肥料和农药都能混合施用，采用这一技术要掌握3个原则：一能因混合而减低药效或肥效；二是对作物无毒害；三是农药及肥料要适于叶面喷施。

71. 化肥混合施用有什么好处？

为使肥料发挥最大效果，节约劳力，化肥有时要混合施用，主

要有以下几个好处：

（1）使养分齐全，迟速搭配　目前常用的化肥以含单一营养元素为主，为了较全面地将养分供给作物，往往采取几种化肥混合施用的办法；另外，化肥中有的速效，有的迟效，将迟速搭配，可以更好地满足作物在各个时期的需要。

（2）可以提高肥效　有些肥料合理地混合后，可以相互提高肥效。例如，硫酸铵和过磷酸钙、尿素和过磷酸钙混合后，均可相互促进养分的保存和提高。

（3）可以改善肥料的物理性质　有的肥料混合后，可以使物理性质得到改善，如硝酸铵与氯化钾混合后，减少了吸湿性，便于施用。

（4）可以节省劳动力和经费开支。

72. 化肥混合的原则是什么？

化肥能否混合要掌握3个原则：①混合后是否会引起养分损失；②混合后是否有利于提高肥效；③混合后最好能改善物理性质。

73. 化肥与有机肥混合施用有什么优点？

化肥和有机肥料混合施用的优点：①可以提高肥效。许多化肥与有机肥混合后，化肥可以被有机肥料吸收保蓄，减少流失。此外，化肥掺有机肥料还可以促进有机肥腐熟，提高肥效。②可以减少化肥可能产生的某些不利的副作用。化肥同有机肥料混合施用，可以增加土壤的缓冲性能防止酸化。再如，有的过磷酸钙含游离酸过多，作种肥时会影响种子发芽和幼苗生长，加入有机肥料后，中和游离酸，可减少对种子的危害。③可以增加作物营养。有机肥所含养分较全，肥效稳而长，含有机质多，能提高土壤有机质含量，改善土壤理化性质。④在秸秆还田和施用未腐熟有机肥时，加入化学氮肥，可以避免作物因早期缺氮而影响生长。

74. 哪些化肥和有机肥不宜混合？

化肥和有机肥不是可以任意混合的。有些混合后能提高肥效，有些反而降低肥效。可以与有机肥混合的有：钙镁磷肥、磷矿粉与厩肥、堆肥混合，由于堆肥发酵产生各种有机酸，可以促使钙镁磷肥中的磷溶解，因而可以提高磷肥效果；过磷酸钙与厩肥、堆肥混合施用，还可以减少磷的固定；泥炭等有机肥与草木灰、钢渣磷肥等碱性肥混合后，可以相互中和并相互提高肥效；人粪尿中混以少量过磷酸钙，可形成磷酸二氢铵，减少氨的挥发损失。不宜和有机肥混合的有：含硝态氮的化学肥料与未腐熟的堆肥、厩肥或新鲜秸秆堆制，由于反硝化作用，易引起氮素损失；新鲜秸秆类肥料与化学氮肥混合施用，会因微生物的大量繁殖，其中的氮大都已转化成铵态氮，不宜再与碱性肥料混合，否则会使氮挥发损失。

75. 固体化肥如何运输和储存？

固体化肥品种很多，为了避免在运输和储存中造成损失，必须做到：①要求分库储存。酸性肥料如氯化铵、硫酸铵等一定要和碱性物质分储，以免造成氮素挥发损失。②化肥一般易溶于水，因此在储存和运输中要防止雨淋和受潮，由于一些化肥如硝酸钠等吸湿性强，应储存在干燥通风的地方。③硝酸铵、硝酸钠等含硝基的肥料，容易引起燃烧，因此在储存和运输中不能和易燃物质放在一起，在使用中不能因结块而用铁器猛敲，以免造成爆炸。

（四）有机肥料种类、性质与施用技术

76. 什么是有机肥料？

有机肥料是农村利用各种来源于动植物残体或人畜排泄物等有机物料，就地积制或直接耕埋施用的一类自然肥料，习惯上也称作农家肥料。有机肥料种类繁多，大致可归纳为以下4类：

（1）粪尿肥　包括人畜粪尿及厩肥、禽粪、海鸟粪以及蚕沙等。

（2）堆沤肥　包括堆肥、沤肥、秸秆以及沼气肥料。

（3）绿肥　包括栽培绿肥和野生绿肥。

（4）杂肥　包括泥炭及腐殖酸类肥料、油粕类、泥土类肥料，以及海肥、农盐等。

77. 施用有机肥料有哪些优点？

有机肥料含有丰富的有机质和各种养分，它不仅可以为作物直接提供养分，而且可以活化土壤中的潜在养分，增强微生物活性，促进物质转化。施用有机肥料，还能改善土壤的理化性状，提高土壤肥力，防治土壤污染，这是化肥所不具备的。充分利用有机肥源，科学积制、合理施用，既能使农业废弃物再度利用，减少化肥投入，保护农村环境，创造良好的农业生态系统，又可以达到培肥土壤、稳产高产、增产增收的目的。

78. 人粪尿的性质如何？

人粪尿是一种养分含量高、肥效快，适于各种土壤和作物的有机肥料，常被称为精肥、细肥。人粪是食物消化后未被吸收而排出体外的残渣，含70%～80%水分、20%左右有机物质、5%灰分，含氮1%、磷0.5%、钾0.37%，以及含有其他中微量元素，呈中性反应。人尿是食物消化吸收，并参加新陈代谢后所产生的废物和水分，含水分95%，其余5%是水溶性有机物和无机盐，含氮0.5%、磷0.13%、钾0.19%。人尿养分含量虽然低于人粪，但因排泄量大于人粪，所以提供的氮磷钾养分多于人粪，人尿一般呈弱酸性反应。人粪尿都是氮多、磷钾少的肥料，所以人们常把人粪尿作为氮肥施用。人粪尿必须经过储存、腐熟后才适宜施用。

79. 人粪尿如何合理施用？

人粪尿是含氮较多的速效性有机肥料，对一般作物均有良好的肥效，特别是对叶菜类、桑、麻等需氮较多的作物肥效更好。人粪尿中含氯较多，如果施在烟草、马铃薯、甜菜等忌氯作物上，用量过多会影响产品品质。人粪尿的适宜用量，一般大田作物每亩500～1 000千克，对于需氮过多的叶菜或玉米等作物，每亩施用1 000～1 500千克。人粪尿含氮多磷钾少，施用时应根据土壤条件和作物需求，适当补充磷、钾化肥。

80. 什么是厩肥？

厩肥是家畜粪尿和各种垫圈材料混合积制的肥料。

81. 如何积制厩肥肥效才高？

先将厩肥疏松堆积，以利分解，同时浇粪水调节分解速度，2～3天后，堆内温度达60～70℃，这样的高温，可杀死大部分病菌、虫卵和杂草种子。温度稍降后，踏实压紧。然后再加新鲜厩肥，处理和以前一样。如此层层堆积，一直到1.5～2米高为止。然后用泥浆或塑料薄膜密封，以达到保温并防止雨水淋洗肥分。这种堆积方式，4～5个月后可以完全腐熟，堆积时间短，有机质和

养分损失少，消灭有害物质比较彻底，生产上普遍采用此种堆积方法。

82. 家禽粪的性质如何？怎样施用？

家禽粪主要指鸡、鸭、鹅等家禽的排泄物，家禽的排泄量不多，但禽粪含水分少养分浓度高。鸡和鸭以虫、鱼、谷、草等为食，而且饮水少，因此鸡、鸭粪中有机物和氮、磷的含量比家畜和鹅粪高。禽粪中的氮素以尿酸态为主，作物不能直接吸收。施用新鲜禽粪还能招来地下害虫，所以禽粪必须经过腐熟后施用才好。禽粪积存一般是将干细土或碎秸秆均匀铺在地面，定期清扫积存。禽粪养分浓度高，容易腐熟并产生高温，造成氨的挥发损失，应选择阴凉干燥处堆积存放，加入其他材料混合制成堆肥或厩肥后，施用效果较好。腐熟的家禽粪是一种优质速效的有机肥，常常作为蔬菜或经济作物的追肥，不仅能提高产量，而且能改善品质。家禽粪中的氮素对当季作物肥效，相当于氮素化肥的50%，且有明显的后效。

83. 秸秆直接还田有什么好处？

农作物秸秆富含有机物质，钾、硅等营养元素，通过多种形式直接还田，能有效节约肥料施用量，取得和施用传统有机肥料同样的增产效果。秸秆直接还田后，土壤水、肥、气、热条件适宜，可迅速分解，增加土壤有机质含量，改良土壤理化性状，增强土壤中有益微生物活性，活化土壤潜在养分，提高土壤肥力。

84. 秸秆还田的技术要点是什么？

秸秆还田的主要方式有：墒沟埋草，粉碎还田，返转灭茬，留高茬，宽行作物田间铺草覆盖，草育菇菇渣还田，过腹还田，堆肥、沤肥、沼肥还田等，直接还田时应尽量切碎，增加与土壤接触面，以便秸秆吸收水分，加速腐烂分解。要使土壤保持适宜的含水量，在土壤水分充足的条件下，秸秆宜浅埋，以加速分解。秸秆还田最好是边收获、边切碎、边耕翻入土，以延长耕埋至播种或插秧的时间。此外，及时翻埋的秸秆含水量高，有利于腐烂分解。一般情况下，旱地要在播种前 15～45 天，水田要在插秧前 7～10 天就将秸秆深翻入土。一般稻草、麦秸用量，每亩 150～200 千克，具有大动力机械的地方可实行麦草深翻全量还田。玉米秸秆可以多些。秸秆直接还田时，应加入适量的化学氮肥或腐熟的人畜粪尿等含氮多的物质，用来调节碳氮比，加入的氮量，使秸秆干物质的含氮量提高到 1.5%～2.0%时为宜。

85. 种西瓜为什么施饼肥效果好?

饼肥是油料作物子实榨油后剩下的残渣，饼肥的种类有大豆饼、花生饼、棉籽饼、菜籽饼等，一般饼肥中氮和磷的含量较高，是比较好的氮、磷肥料。饼肥的氮存在于蛋白质中，磷是卵磷脂的成分，有机态氮和磷在微生物分解后才能被作物吸收利用。由于饼肥碳氮比小，施入土中容易被分解，具有一定的速效性，是一种迟速效兼备的好肥料，因而它适宜于一些生长期较长，需氮、磷较多的瓜果、经济作物如烟草上使用。饼肥可用作基肥，也可用作追肥。

86. 饼肥直接上地好，还是过腹还田好?

油饼含有大量的有机质和蛋白质，又含有油脂（用压榨方法取油，残渣尚有不少油分）和维生素，营养价值很高，是畜禽的好饲料，因此，从经济利用看，凡是可以作饲料的油饼，最好先作畜禽饲料，而后用畜禽粪尿肥田，这是一种经济合理利用油饼的方法。

87. 种绿肥有哪些好处？

绿肥是中国农家的传统肥料，不但对保持生态平衡、促进良好的生态循环有其独特的作用，对农作物的增产，对饲养业的发展，对农副业生产都有多方面的作用。豆科绿肥，具有固定氮素的能力，亩产 1 500 千克鲜草的苕子绿肥，一般可以从空气中固定 5 千克多氮素（除去从土壤中吸收 2.5 千克），相当于 25 千克多硫酸铵的含氮量，历来有每种一亩绿肥就等于建了一个小小的氮肥厂的说法。有些绿肥如豆科的紫云英、紫花苜蓿、草木樨、田菁、十字花科的芸薹属作物等，都具有较强的溶解土壤中难溶性磷的能力，从而增加了土壤速效磷的含量。水花生有富集钾的能力，光叶苕子有富集锌的能力。种植这些作物，可以提高这些营养元素的有效性。

88. 怎样合理安排茬口播种绿肥？

为了更好地提高周期效益，兼顾当前，总体看来，为了协调粮（棉）绿之间的用地矛盾，在栽培上要互相配合，达到相互促进。绿肥要为作物高产创造肥力条件，而在粮食等作物的栽培过程中又要给绿肥生产尽可能地提供更大的空间和更长的时间。因此，在粮食等作物方面可因地制宜考虑改换一些品种或改变种植方式，如生育期长的换生育期短的；株型散遮阴大的换成株型紧凑遮阴小的等。在群体布局上可以改变行株距，改早播为迟播，改晚收为早收等。实行合理的轮种、间种、复种，专用绿肥和兼用绿肥、短期和长期、豆科与非豆科合理搭配，发展绿肥上山、下水，在经济林果桑园内套种，以扩大绿肥种植面积，提高种植周期效益。

89. 为什么提倡绿肥过腹还田？

传统的绿肥利用方式是将绿色体直接翻压土中或切割沤堆异地

施用。这种利用方式虽能起到肥的作用，但有不少浪费，因为绿色体中的蛋白质、脂肪、维生素和矿物质，并不是土壤中不足而必须施用的养料，绿色体中的蛋白质在没有分解之前不能被作物吸收，而这些物质却是动物所需的营养。所以，要提倡过腹还田，利用绿肥饲养牲畜、鱼，先把其中的蛋白质及各种营养物质经过动物消化而转化为人类能直接利用的鱼、畜等产品（肉、乳、蛋、皮毛等），然后再以畜粪还田。

90. 绿肥的肥效如何？

绿肥产草量高，一般种一季绿肥可产鲜草 1 000～1 500 千克，高的 2 000～2 500 千克，最高的甚至可达 5 000 千克以上。一般种 1 亩田绿肥连本田可肥 3 亩田。各种绿肥养分含量虽不完全一致，但都比较丰富。根据分析，每 1 000 千克豆科鲜草中一般有机物质 180 千克，含氮素 5～5.5 千克，五氧化二磷 1.5 千克，氧化钾 4 千克左右。所以绿肥施入土壤以后，能够增加土壤的有机质和养分含量，特别是可以更新有机质的质量为作物提供良好的生长条件。很多报道说明，一般 1 000 千克绿肥可以增产 100 千克粮。这种增产效果在中低产地区更加显著。

91. 肥料、农药和除草剂能混合用吗？

肥料和农药（包括除草剂）的混用，要看具体情况而定，一般酸性的农药只能和酸性或中性的化肥混用，不能酸碱混用，酸碱混用后造成农药减效或失效。目前在生产实践中，麦田除草剂和尿素、碳酸氢铵混合使用；稻田除草醚和尿素、碳酸氢铵都可以混用。二甲四氯和硫铵混合液也可用于喷雾。有机磷、菊酯等杀虫剂在生产过程中也可混合使用。过磷酸钙虽为酸性肥料，但由于磷矿来源不同，成分比较复杂，一般不提倡混用。最近，在固体混配肥料中加入除草剂，在施用中取得明显效果。

92. 什么是菌肥？有哪几种？

菌肥是微生物肥料的俗称。它是一种带活菌体的辅助性肥料。土壤中存在着大量的微生物（包括细菌、真菌、放线菌），一般每克土含有几亿个至几十亿个微生物。有些对作物生长发育有益，有些则有害。人们用科学的方法从土壤中分离、选育有益微生物，经过培养、繁殖、制成菌剂，将这些菌剂应用于农业，使作物增产，称为菌肥，又称为微生物肥料。1950 年以来，我国开始了根瘤菌肥料的生产和应用，以后又相继生产和应用了固氮菌肥料，磷、钾细菌肥料，抗生菌肥料等，对发展农业生产起到了积极的作用。

（五）主要农作物施肥技术

93. 水稻需肥量和需肥规律是什么？

据分析测定，每生产 100 千克稻谷需从土壤中吸收氮 1.7～2.0 千克，平均 1.85 千克；五氧化二磷 0.7～1.0 千克，平均 0.85 千克；氧化钾 1.6～2.6 千克，平均 2.1 千克。因为栽培地区、品种类型、土壤特性、施肥和产量不同，对氮、磷、钾的吸收数量有所不同，制订施肥计划时，必须根据当地条件、品种特性考虑。水稻分蘖期以前，由于苗小同化面积较小，干物质积累不多，因而吸收养分也较少。这时期吸收的氮占一生总吸收量的 1/3，磷占 1/6，钾占 1/5 左右。分蘖至抽穗期是养分吸收最多的时期，这时期吸收的养分占一生总吸收量的 1/2 以上。抽穗以后到成熟阶段，吸收的氮占总吸收量的 1/6，磷占 1/3，钾占 1/4。各生育期吸收养分具体数量，同样受品种特性、栽培条件和肥料供应能力影响。施肥时应根据具体条件，因地制宜考虑，切不可生搬硬套。

94. 什么是水稻节氮精确施肥？

水稻节氮精确施肥技术是测土配方施肥在水稻上的具体应用，是根据土壤、作物、肥料三者之间的关系，依据无氮基础地力产量（土壤供肥能力）、100 千克籽粒吸收的氮素（作物吸肥规律）和氮肥当季利用率（肥料效应）三大技术参数，应用修正后的斯坦福议程确定获得目标产量时所需的氮肥适宜用量。公式是：施氮总量＝（目标产量×生产 100 千克稻谷吸收的氮量－无氮基础地力产量×生产 100 千克稻谷吸收的氮量）÷氮肥当季利用率（%）。其技术推广应用后，每亩水稻可节省纯氮 3 千克，产量增加 25～30 千克，氮肥的利用率达到 40%以上，亩节本 80 元以上。

95. 水稻育秧为什么要调节育秧床土酸碱度？如何调节？

水稻秧苗适宜生长的土壤 pH 为 5.5～6.0，而石灰性土壤，pH 在 7～8 以上。这种土壤早春育秧，地温低，秧苗生长不好，易感染霉菌产生青枯病，烂秧严重。如将土壤 pH 调到 5.5～6.0，则霉菌生长受到抑制，烂秧现象很少。为此，石灰性土壤作为育秧床土，调节酸度非常重要。根据日本经验，我国已改用硝基腐殖酸作为调酸剂。硝基腐殖酸为固体粉末，运输、使用方便，有较强的缓冲性能，pH 降低后不易回升，而且培育的秧苗素质，比用硫酸的好，现在黑龙江、吉林、辽宁等省已经推广。工厂化盘式育秧，盘子大小为 30 厘米×60 厘米，土重 4 千克，用硝基腐殖酸 80～120 克，为土重的 2%～3%，即可将土壤 pH 降到 5.5～6.0，效果很好。各地可根据具体的土壤条件，最好在农技部门的指导下选择合适的含硝基腐殖酸的旱育秧专用肥。

96. 碳酸氢铵在稻田作基肥时如何施用？

碳酸氢铵可以作基肥和追肥，作基肥时应该深施并立即覆土掩盖，以减少由于挥发而造成的损失。碳酸氢铵用作稻田基肥，应在耕地时，边撒边耕，耕翻后及时灌水泡田，以提高土壤对铵的吸收率，减少氨气挥发损失。据各地试验，浅施碳酸氢铵的利用率只有25%～35%，而深施的可达50%左右，与尿素差不多。碳酸氢铵深施还有肥效期长，肥效缓慢，稻苗生长平衡等优点。碳酸氢铵深施也有不利的一面，由于稻田早期表层供氮不及时，也会影响稻苗生长，所以碳酸氢铵施用量较大时，留1/3浅施或面施，对水稻生长更为有利。

97. 水稻缺锌引起的“僵苗”是什么样？

缺锌引起的水稻僵苗，俗称红苗、缩苗或坐蔸，通常在插秧后20天左右发病严重。最初老叶的叶尖干枯，叶片自下而上沿中肋两侧发生黄赤色或赤褐色不规则锈斑，渐向叶片两端扩大连片。新叶小，出叶慢，叶鞘短，植株矮缩。严重时除新叶外整株枯赤焦干，甚至连叶鞘茎秆上也有锈斑。发根少或不发新根，根系黄白色，当土壤中含有毒物质时，根系也会变黑。

98. 如何防治水稻缺锌引起的僵苗？

对有效锌缺乏的土壤可以施锌肥，如插秧前耖田时每亩施用0.5～1.0千克硫酸锌；插秧时用0.5千克硫酸锌加50千克泥浆水拌匀后蘸秧根，均能有效地防治缺锌僵苗症。注意磷肥不要施用过量防止诱发缺锌，在缺磷又缺锌的土壤上，施磷的同时应注意施锌。锌肥有后效，一般一年亩施1千克锌肥，能维持2～3年的肥效。

99. 水稻如何施用分蘖肥？

早施、重施分蘖肥是促进早生、早发，争取更多低节位有效分蘖的重要措施之一。分蘖期一般在插秧后 7～10 天进行，肥料种类和数量，必须根据土壤、底肥、气候和苗情进行调整。在地薄肥少，苗少苗弱的情况下，要重视分蘖肥，争取亩穗数；在地壮肥多，苗数较多的情况下，可酌情少施分蘖肥，而重施穗肥，争取穗大、粒多、粒重。分蘖肥一般以速效氮肥为主，每亩施用尿素 5～7 千克。施分蘖肥时要抢晴施、浅水施、边施边薅，使土肥相混，提高肥效。

100. 水稻如何施用穗肥？

各地巧施穗肥的经验是做到“三看”：一看田的肥瘦，土地肥沃、底肥足、蘖肥重的可以不施。二看稻株长相，早晨叶片不挂露水，中午叶片挺直，叶片淡黄的要施。三看天气，阴雨天多可不施，晴天多的则要施。穗肥用量一般亩施尿素 10 千克，在全生育期氮多磷、钾少的地区，可酌量补施磷、钾肥。促花肥在倒四叶期使用，保花肥在倒二叶期使用，籼稻要重施保花肥，粳稻要重施促花肥。

101. 小麦的需肥量和需肥规律是什么？

河北省小麦一般在 10 月上中旬播种，生育期较长，从播种到成熟一般需要 240～260 天。小麦是一种需肥较多的作物，据分析，在一般栽培条件下，每生产 50 千克小麦，需从土壤中吸收氮素 1.5 千克左右、五氧化二磷 0.5～0.75 千克、氧化钾 1.5～2 千克，氮、磷、钾的比例约为 3∶1∶3。小麦对氮、磷、钾的吸收量，随品种特性、栽培技术、土壤、气候等而有所变化。产量要求越高，

吸收养分的总量也随之增多。小麦在不同生育期，对养分的吸收数量和比例是不同的。冬小麦对氮的吸收有两个高峰：一是在出苗阶段，吸收氮占总氮量的40%左右；二是在拔节到孕穗开花阶段，吸收氮占总氮量的30%～40%，在开花以后仍有少量吸收。小麦对磷、钾的吸收，在分蘖期吸收量约占总吸收量的30%，拔节以后吸收率急剧增长。磷的吸收以孕穗到成熟期吸收最多，约占总吸收量的40%。钾的吸收以拔节到孕穗、开花期为最多，占总吸收量的60%左右，到开花时对钾的吸收已达最大量。因此，在小麦苗期，应有适量的氮素营养和一定的磷、钾肥，促使幼苗早分蘖、早发根，培育壮苗。拔节到开花是小麦一生吸收养分最多的时期，需要较多的氮、钾营养，以巩固分蘖成穗，促进壮秆、增粒。抽穗、扬花以后应保持足够的氮、磷营养，以防脱肥早衰，促进光合产物的转化和运输，促进麦粒灌浆饱满，增加粒重。

102. 小麦如何施用底肥？

施足小麦底肥是提高麦田土壤肥力的重要措施。底肥能保证小麦苗期生长对养分的需要，促进早生快发，使麦苗在冬前长出足够的健壮分蘖和强大的根系，并为春后生长打下基础。底肥对小麦中期稳长、成穗和防止后期早衰也有良好作用。底肥的数量，应根据产量要求，肥料种类、性质、土壤和气候条件而定。底肥应占施肥总量的60%～70%为宜。底肥应以有机肥料为主，适量配合施用氮、磷、钾等化学肥料。一般亩施农家肥1 000～1 500千克，尿素10千克或碳酸氢铵25千克，高浓度复混肥25～30千克。

103. 麦田施用碳酸氢铵作底肥好，还是作追肥好？

碳酸氢铵是我国特有的氮肥品种，占全国氮肥产量的一半以上。碳酸氢铵由于性质不稳定，容易挥发损失，追施后如不及时灌水容易使氮素损失，因此各地推广将碳酸氢铵作底肥深施。如果碳酸氢铵全部作底施，从施肥到小麦拔节、孕穗，至少要经历4～5个月，虽然冬春温度低加上深施，损失较少，但碳酸氢铵的肥效很难维持到小麦生育后期。因此一次底施往往满足不了小麦各生育期的需要。据试验，每亩用碳酸氢铵40千克，全部作底肥的亩产442.8千克，而用15千克作底肥，冬前追10千克，拔节时再追15千克，亩产489.2千克。底肥和分期追肥并用的每亩多增产46.4千克。

104. 小麦返青期如何看苗追肥？

追肥要看苗追施，对于冬前每亩总茎数达100万以上的旺苗，由于分蘖太多，叶色深绿，叶片肥大，返青肥应以磷、钾为主，不要再追氮肥。亩施过磷酸钙15千克、草木灰50～100千克或钾肥10千克左右，对壮秆防倒伏有好处。对于冬前每亩总茎数已达70万～100万的壮苗，应以巩固冬前分蘖为主，适当控制春季分蘖，以减少无效分蘖。追肥可在3月底至4月初，每亩施碳酸氢铵7.5～10千克。保水保肥力强的稻茬麦，可适当早施；保水保肥力差的沙壤土或沙土，可适当晚施。麦田有点片弱苗时，可酌情施“偏心”肥。对于冬前分蘖不足的弱苗，应重施返青肥，每亩可施碳酸氢铵15～20千克，施用方法最好开沟深施，施后覆土。对于缺磷的麦田，可亩施10～15千克过磷酸钙。磷肥因不易移动不能撒施地表，必须开沟施在根系附近。

105. 小麦怎样巧施拔节、孕穗肥？

小麦从拔节到抽穗是一生中生长发育最旺盛的时期，吸收量大，需肥分多，满足这一时期的养分供应，对夺取小麦高产非常重要。拔节、孕穗肥应该看苗巧施。对小麦生长不良、苗弱偏小的群体，应早施拔节肥，提高分蘖成穗率，力争穗多、穗大。追肥量可占总施肥量的10％～15％，每亩可用尿素3～4千克沟施或穴施。

对于生长健壮的麦苗，由于群体适宜，穗数一般有保证，主要应攻大穗，拔节期应适当控制水肥，防止倒伏，待叶色自然褪淡，第一节间定长，第二节间迅速伸长时，再水肥并进，以保花增粒。对于群体大，叶面积过大，叶色浓绿，叶宽大下垂的旺苗，有倒伏危险，主要应控制水肥，深中耕伤根，抑制后生分蘖，如有条件可以喷施矮壮素，矮化植株，壮秆防倒。到剑叶露尖时，如叶色褪淡，再补施孕穗肥。

106. 大豆有根瘤菌固氮还要施氮肥吗？

大豆需要较多的氮素，虽然其根部有根瘤菌，能固定空气中的氮气供豆株吸收利用，但仅靠根瘤固定的氮素，满足不了大豆整个生育期的需要。瘦地和底肥不足的田块，大豆出苗后，由于种子中的含氮物质已基本用完，而这时根瘤尚未形成，或者固氮能力还弱，因此苗期常会出现缺氮现象。播种时用少量氮肥作种肥，对幼苗有促进根、叶生长的作用。肥力高、底肥足的田块可不施氮肥作种肥。中等肥力田块，可将氮肥和其他肥料混合作底肥，以满足大豆苗期需氮，施肥量一般每亩碳酸氢铵10～15千克或者尿素4～5千克。大豆开花以后吸氮量达到高峰，到鼓粒期由于根瘤菌的固氮能力已经减退，也会出现缺氮现象。因此在一般肥力条件下，初花期追肥也有良好效果，尤其在瘦地更为明显。施肥量一般亩施碳酸氢铵10千克或尿素4千克。此外，也可在大豆结荚鼓粒期，对缺氮田块用1%～2%尿素溶液进行叶面喷施，效果也很好。

107. 为什么磷肥对大豆增产效果特别显著？

磷对大豆根系生长的促进作用，有利于根瘤的形成。当土壤中磷的供应不足时，大豆根瘤虽然能侵入根中，但是不结瘤。钼肥是根瘤固氮必不可少的微量元素，土壤缺磷的情况下，单施钼肥反而使根瘤减少。磷对根瘤中氨基酸的合成以及根瘤中可溶性氮向植株其他部分转移，都有重要作用。所以种植大豆或其他豆科作物，施用磷肥增产效果特别显著。磷肥在土壤中移动性小，容易被吸附固定，因此磷肥应该与有机肥混合堆沤后，采用沟施、穴施等集中施用方法为好。每亩施用过磷酸钙 15～25 千克，缺磷严重的土壤，用量可适当增加。大豆播种时可用少量过磷酸钙拌种，以满足苗期生长和根瘤菌繁殖对磷的需要。大豆可用磷酸二氢钾进行叶面施肥，浓度为 0.1%～0.2%，在初花期和终花期各喷一次，每次用 100 克左右，也有一定增产效果。

108. 怎样用好大豆钼肥?

钼能促进大豆根瘤的形成与生长，使根瘤数增多，根瘤体积增大，固氮能力提高，钼还能促进大豆根系生长，增加对养分的吸收能力，增强抗旱能力。因此，钼对大豆生长发育、增荚增粒和提高粒重都有明显促进作用。钼酸铵是目前常用的钼肥，一般作种肥施用，也可以作叶面喷肥。作种肥每千克豆种用钼酸铵 2 克，先将它溶解于 5 倍热水中充分搅拌，冷却后拌种。叶面喷肥用 0.05%～0.1%钼酸铵溶液，在初花期喷洒，一般每亩喷 30～50 千克。钼在土壤中不易淋溶流失，施钼过量或经常施钼的土壤，钼素容易在土壤中逐渐积累，积累过多会使大豆植株发生钼中毒现象。因此施钼不能过量，也不要在同一田里连年施用。

109. 玉米的需肥规律是什么?

每生产 100 千克玉米籽粒，需要吸收氮 2～4 千克、五氧化二磷 0.7～1.5 千克、氧化钾 1.5～4 千克。玉米吸收养分的数量和比例不同的原因，主要是由于品种特性、土壤条件、产量水平以及栽培方式不同。玉米不同生育阶段，对养分的吸收数量和比例变化很大。玉米苗期植株小，生长慢，对养分吸收的数量少、速度慢。拔

节、孕穗到抽穗开花期，是玉米营养生长和生殖生长同时并进的阶段，生长速度快，吸收养分的数量也多，是吸肥的关键时期。开花授粉以后，吸收数量虽多，但吸收速度逐渐减慢。春玉米和夏玉米吸肥情况不同，春玉米苗期吸氮占总吸收量的 2.1%，中期（拔节至抽穗开发）占 51.2%，后期占 46.7%。而夏玉米苗期吸氮占 9.7%，中期占 78.4%，后期占 11.9%。

110. 玉米如何施用基肥?

玉米基肥应以有机肥料为主，基肥用量一般占总施肥量的 60%～70%。基肥充足时可以撒施后耕翻入土，如肥料不足，可全部沟施或穴施。集中施肥有利于作物吸收，减少流失，肥料利用率高。磷、钾肥作基肥效果较好，过磷酸钙作基肥，每亩用量 15～25 千克，宜与有机肥料混合或堆腐后施用。施用硫酸钾作基肥，每亩用量 7.5～10 千克，可与有机肥料混合施用。由于夏播作物抢时间早播种是增产的关键，所以夏玉米往往来不及施基肥。一般在前茬作物（如小麦）播种时多施基肥，用其后效供给夏玉米所需的养分。在不影响早播前提下，以腐熟、优质的农家肥，用沟施、穴施的办法给夏玉米施基肥，对增产有利。

111. 玉米如何追施苗肥与拔节肥?

苗肥应早施、轻施和偏施，以氮素化肥为主。在基肥中未搭配速效肥料或未施种肥的田块，早施、轻施可弥补速效养分不足，有促根壮苗的作用。拔节肥应稳施，以有机肥为主，并适量掺和少量速效氮、磷肥。对基肥不足，苗势较弱的玉米，应增加化肥用量，一般每亩可追施 10～15 千克碳酸氢铵或 3～5 千克尿素。拔节肥通常在玉米拔节前后，长出 7～9 片叶时开穴追施，地肥苗壮的应适当迟追、少追，地瘦苗弱的应早施重施。

112. 怎样给玉米追施穗肥与粒肥？

穗肥一般在抽雄前10～15天，玉米出现大喇叭口时施用。对基肥不足、苗势差的田块，穗肥应提早施用。穗肥用量应根据苗情、地力和拔节肥施用情况而定，一般每亩穴施碳酸氢铵15～20千克，或者尿素5～8千克。粒肥一般在果穗吐丝时施用为好，这样能使肥效在灌浆乳熟期发挥作用。粒肥用量不宜过多，每亩穴施碳酸氢铵3～5千克即可，也可用1%～2%尿素和磷酸二氢钾混合液作叶面喷施，每亩喷液量50千克左右。

113. 棉花的需肥规律是什么？

棉花是生育期长、需肥较多的作物。据分析测定，每亩产100千克皮棉需吸收氮12千克、五氧化二磷4千克、氧化钾12千克，氮、磷、钾比例约为1∶0.3∶1。吸肥量为禾谷类作物的5～6倍，油料作物的2～3倍，各生育期吸肥百分率分别为：苗期吸氮占5%，磷占3%，钾占2%；现蕾到始花期吸收氮占11%，磷占7%，钾占9%；始花到盛花期吸收氮占56%，磷占24%，钾占36%；盛花到吐絮期吸收氮占23%，磷占52%，钾占42%；吐絮到拔节吸收氮占5%，磷占14%，钾占11%；由此看出，棉花在花铃期吸收氮、磷、钾总量的80%，吸收氮的高峰期在花期，吸收磷、钾的高峰期均在铃期。

114. 棉花如何施用底肥？

棉花生育期长，营养生长和生殖生长重叠时间长，地力消耗大，需要养分多，因此棉花底肥要施足。在中等肥力水平的土壤上，底肥每亩施堆厩肥1 500千克、原粪1 000千克、尿素3千克、过磷酸钙20千克、油饼10～15千克。棉花为深根作物，底肥要深

施，最好翻入土中20厘米左右，使肥料分布在根群附近，肥料分解后，及时被棉根吸收。如肥料用量少或用优质肥料时，可集中条施或穴施。速效磷肥作底肥应和有机肥料混合后深施，以减少土壤对磷的固定，提高磷肥利用率。

115. 棉花苗期怎样施肥？

棉花出苗后10～20天，出现第1～2片真叶时期，是棉花营养的临界期。这时及早施用苗肥，对实现壮苗及早发效果显著。棉花苗期追肥应掌握“早施、轻施、偏施”的原则。早施是因为前期温度低，棉苗吸肥力弱，早施苗肥能促使棉苗健壮生长，这次施肥不能拖到现蕾以后再施。轻施是指苗肥用量宜少，使棉苗壮而不衰，旺而不猛。一般每亩施清粪水1 500千克，加尿素1.5～2.5千克，穴施。地膜覆盖的棉田底肥足，不施苗肥。偏施是对部分弱苗和补栽的棉苗施用提弱苗、赶壮苗肥1～2次，促进全田棉苗又齐又壮。

116. 棉花蕾期怎样施肥？

棉花蕾期营养生长和生殖生长并进，吸收养分的数量和速度增加。这时既要根分布广，茎叶生长健壮，果枝多，果节多；又要蕾多、蕾大，脱落少，开花早，既不徒长，又不瘦弱。为达此目的，施肥上必须稳施蕾肥，主要是控制氮肥的施用，若氮肥过多，易徒长，花蕾脱落率高，影响产量。因此，对棉苗长势旺，土壤肥力高，底肥足和已施苗肥的棉田，以及地膜覆盖的棉田，都不宜施蕾肥。对土瘦、苗弱、底肥不足、苗肥少的棉田，以及前作小麦等耗肥多的棉田，可在现苗前酌情施用蕾肥。在盛蕾末期，要重施有机肥，每亩施用厩肥1 500千克左右、饼肥25～30千克，做到蕾肥花用。前期未施磷、钾肥的棉田，应补施磷肥和草木灰或化学钾肥，对增蕾保铃作用大。

117. 棉花花铃期应该怎样施肥？

棉花花铃期是吸肥的高峰期，一般花铃肥占总施肥量的60%左右，根据棉花的长势和土壤情况，有3种追肥方法：一是稳施初花肥。初花肥的施用量通常每亩用人畜粪水500～1 250千克、磷肥10千克，如能增施油饼10～15千克，效果更好。应少用速效肥，以免肥效发挥过快，造成棉花徒长。二是重施盛花肥。肥沃棉田和有徒长势的棉田，可适当推迟施肥，或少施甚至不施。此次追肥的施用量，一般每亩施尿素5千克、磷肥7.5千克，或再增加油饼7.5千克，混合后开沟施用。三是补施秋桃肥。及时补施秋桃肥，可以防止早衰，争取多结秋桃。施用秋桃肥要看棉花长势，灵活掌握用量和时间。如土壤缺肥，棉株有早衰现象，伏前桃和伏桃多，要重施和早施，一般每亩用尿素2.5～3.5千克兑水或掺和清粪水穴施，然后盖土。

118. 棉花缺硼有什么症状？怎样施用硼肥？

由于土壤缺乏有效硼，棉花在蕾期会出现缺硼症状。典型症状是：下部叶片深绿，增厚变脆；上部叶片变小，卷缩，边缘变绿；叶柄有浸润状暗绿色环带状突起，似节节状。缺硼严重时，叶片萎缩，蕾而不花。有的棉田虽然没有出现蕾而不花现象，但施用硼肥仍有显著增产效果，说明这种土壤潜在性缺硼。

硼肥施用方法：

（1）基施 一般每亩施用硼酸200克左右。为了施用均匀，可用磷肥或农家肥混施。

（2）拌种 用浓度为0.1%硼酸溶液拌种。

（3）浸种 用浓度为0.02%硼酸溶液，浸种4～5小时。

（4）根外喷施 用浓度为0.1%硼酸溶液，棉苗小时，每亩15～25千克硼酸溶液，随着棉苗长大，逐渐增加到50千克左右。

119. 不同种类蔬菜对营养元素有哪些要求？

蔬菜的种类不同，对营养元素的要求也不同，了解这些差异，对于提高施肥的针对性和经济效益是有好处的。

（1）叶菜类蔬菜 小型叶菜，整个生长期需要氮素最多；而大型叶菜除需要较多氮素外，生长盛期还需增施钾肥和适量磷肥。如果氮素不足，则植株矮小，叶片粗硬。结球菜类结球后期磷、钾不足时，不易结球。

（2）根茎菜类 幼苗期需氮量多，需磷、钾少；到根茎肥大时，则需钾量多，需氮较少。如果后期氮素过多，而钾供应不足，则植株地上部容易徒长；前期氮肥不足，则生长缓慢。

（3）果菜类蔬菜 幼苗期需氮较多，需磷、钾少；进入生殖生长期磷的需要量激增，而氮的吸收量则下降。如果后期氮过多，而磷不足，则茎叶徒长，影响结果；前期氮不足则植株矮小；磷、钾不足则开花晚，产量和品质降低。

（4）各种蔬菜对养分的利用能力不同 甘蓝最能利用氮。甜菜最能利用磷。番茄利用磷的能力最弱，但对大量的磷酸盐类，却无不良反应。茄子对于磷酸盐的反应较好。黄瓜既需吸收大量氮，又需吸收大量钾和磷。

参考文献

李月华，邢东海，2012. 农业实用技术［M］. 北京：中国农业科学技术出版社.

曹雯梅，张中海，2011. 现代小麦生产实用技术［M］. 北京：中国农业科学技术出版社.

马丽，2011. 现代水稻生产实用技术［M］. 北京：中国农业科学技术出版社.

吴国兴，李树志，1996. 日光温室辣椒栽培新技术［M］. 北京：中国农业出版社.

廖伯寿，2006. 花生优质高产新技术［M］. 北京：中国农业科学技术出版社.

石德权，2006. 玉米高产新技术［M］. 北京：金盾出版社.

农业部种植业管理司，全国农业技术推广服务中心，2005. 测土配方施肥技术问答［M］. 北京：中国农业出版社.

郭书普，2009. 新版蔬菜病虫害防治彩色图鉴［M］. 北京：中国农业大学出版社.

吴震，翁忙玲，蒋芳玲，2009. 蔬菜育苗实用技术百问百答［M］. 北京：中国农业出版社.

石杰，王振营，2010. 玉米病虫害防治彩色图谱［M］. 北京：中国农业出版社.

图书在版编目（CIP）数据

新型职业农民实用技术读本/全国农业技术推广服务中心编．—北京：中国农业出版社，2018.3（2018.11重印）
ISBN 978-7-109-17367-5

Ⅰ.①新…　Ⅱ.①全…　Ⅲ.①农业技术－问题解答
Ⅳ.①S-44

中国版本图书馆CIP数据核字（2017）第045620号

中国农业出版社出版
（北京市朝阳区麦子店街18号楼）
（邮政编码100125）
责任编辑　郭晨茜　孟令洋

北京通州皇家印刷厂印刷　　新华书店北京发行所发行
2018年3月第1版　　2018年11月北京第7次印刷

开本：880mm×1230mm 1/32　　印张：8.25
字数：250千字
定价：25.00元